国外城市规划与设计理论译丛

整体城市主义

INTEGRAL URBANISM

[美] 纳恩·埃琳　著
张军英　吴唯佳　译

中国建筑工业出版社

著作权合同登记图字：01-2009-6388号

图书在版编目（CIP）数据

整体城市主义 /（美）纳恩·埃琳著；张军英，吴唯佳译．—北京：中国建筑工业出版社，2019.9
（国外城市规划与设计理论译丛）
书名原文：Integral Urbanism
ISBN 978-7-112-24284-9

Ⅰ.①整… Ⅱ.①纳…②张…③吴… Ⅲ.①城市规划-后现代主义 Ⅳ.①TU984

中国版本图书馆 CIP 数据核字（2019）第 211528 号

Integral Urbanism / Nan Ellin，9780415952286

责任编辑：董苏华
责任校对：李欣慰

国外城市规划与设计理论译丛
整体城市主义
[美]纳恩·埃琳 著
张军英 吴唯佳 译
*
中国建筑工业出版社出版、发行（北京海淀三里河路9号）
各地新华书店、建筑书店经销
北京雅盈中佳图文设计公司制版
北京建筑工业印刷厂印刷
*
开本：787×1092毫米 1/16 印张：10½ 字数：234千字
2019年9月第一版 2019年9月第一次印刷
定价：58.00元
ISBN 978-7-112-24284-9
（34788）

献给

丹

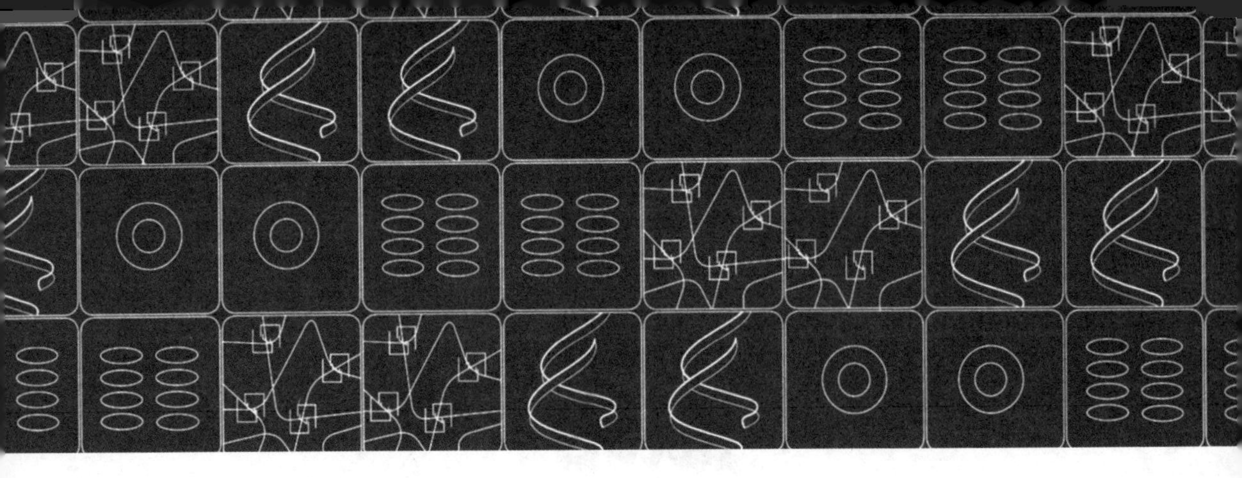

目　录

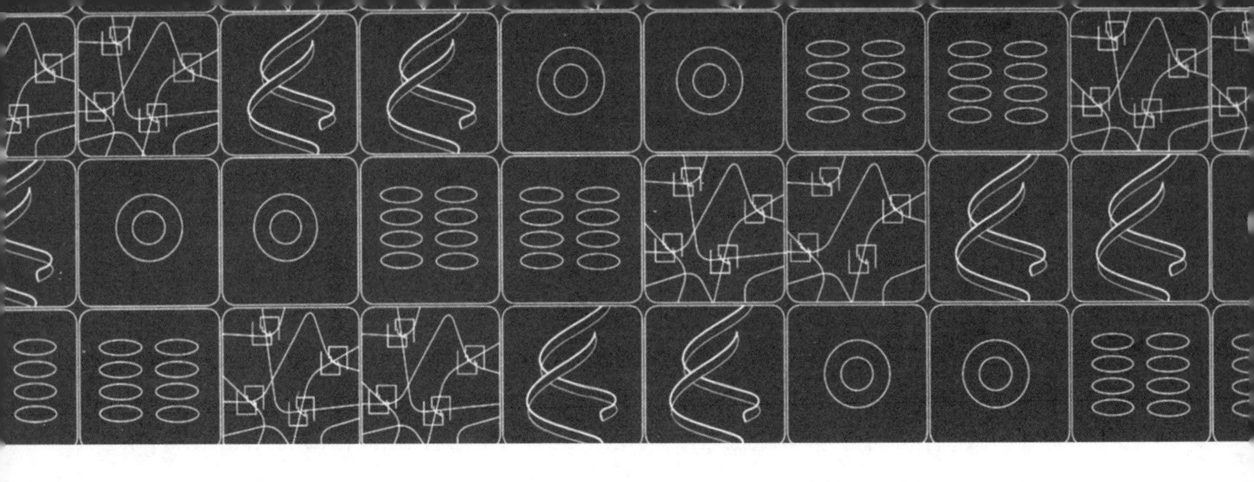

彩色插图

pxi–xi 图　混杂性　左:(无题)由迈克·伯科提供并许可。右上:由 ImageAfter.com 提供。小图从左至右:(模糊)由西奥多拉·巴柳提供;(楼梯)由米赫什·塞纳加拉提供;(凤凰城中心图书馆的室外儿童区，由威尔·布鲁德建筑师事务所设计)由纳恩·埃琳提供

pxii–xiii 图　连通性　左上:由 ImageAfter.com 提供。左下:("阿莫尼亚蓝")由托尼·真蒂利提供并许可。右上:(散步道)由 SHoP 建筑师事务所提供并许可。小图从左至右:(模糊)由西奥多拉·巴柳提供并许可;(风筝)由米赫什·塞纳加拉提供并许可

pxiv–xv 图　流动　(无题)由迈克·伯科提供并许可

pxvi–xvii 图　模式　左上:(模糊)由西奥多拉·巴柳提供。左下:由 ImageAfter.com 提供。右上:(小学的儿童游乐场)由 Adobe 库存图片提供。小图从左至右:(有雕塑的独立住宅 1，2)由谢拉·科彭伯格提供并许可;(有雕塑的独立住宅 3)由保罗·诺奎斯特提供并许可

pxviii–xix 图　汇聚　左下:(凤凰城中心图书馆)由威尔·布鲁德建筑师事务所提供并许可。右上:(9B 高速公路)由 UACDC 提供并许可。右下:(无题)由迈克·伯科提供并许可。小图从左至右:(凤凰城中心图书馆 1，2，3)由威尔·布鲁德建筑师事务所提供并许可;(光线)由米赫什·塞纳加拉提供并许可。(凤凰城中心图书馆 4)由威尔·布鲁德建筑师事务所提供并许可

pxx–xxi 图　多孔性　上远左:(手中筛落的沙子)由 Adobe 库存图片提供。上近左:由埃琳提供。左下:由埃琳提供。右上:由 ImageAfter.com 提供。小图从左至右:(琼斯事务所设计的南山社区学院;莱克/弗拉托建筑师事务所设计的圣乔斯酒店;OMA 设计的昆斯塔尔;德博拉·伯克建筑师事务所设计的詹姆斯酒店内的)西雅图公共艺术，由埃琳提供;(有雕塑的独立住宅 4)由保罗·诺奎斯特提供;(坦恩·艾克办公室)由埃琳提供

pxxii–xxiii 图　真实性　左上和右图:(黑格广场)由埃琳提供。(所有的小图)由

ImageAfter.com 提供

pxxiv–xxv 图　**敏感性**　左下：(交错群落矩阵) 由 UACDC 绘制，由 UACDC 提供并许可。右上：(无题) 由迈克・伯科提供并许可。右中：("沥青") 由托尼・真蒂利提供并许可。小图从左至右：(树叶) 由 ImageAfter.com 提供；(城市景观标识) 由芭芭拉・安巴克提供并许可；(绳索) 由米赫什・塞纳加拉提供并许可；(凤凰城中心图书馆) 由布鲁德与伯内特设计，由埃琳提供；(鹦鹉螺) 由 ImageAfter.com 提供

pxxvi–xxvii 图　**整合**　左上：(台阶) 由米赫什・塞纳加拉提供并许可。右上：("西恩富戈斯") 由若泽・帕拉所作，由若泽・帕拉提供并许可

pxxviii 图　**"爱"**　由若泽・帕拉所作，若泽・帕拉提供并许可

其他插图

所有未注明插图均由纳恩・埃琳提供。

nvergencePatternsIntegrationI
rmeabilityFluxCatalystsArma
etworksNodesLinksHubsPaths
ntaclesRhizomesWorldWideW
ologyEngagementPeopleChild
bridityConnectivityPorosityAuth
nnectivityPorosityAuthenticityVul
rosityAuthenticityVulnerabilityH
thenticityVulnerabilityHybridityCo
lnerabilityHybridityConnectivityPo
blicSpaceProactiveSustainabi
terdependenceDynamicProces
armonyAdventureFascinationEr
calCharacterGlobalForcesRela
ommunicateCommonsCongregat
eflectRehabilitateRevitalizeRes
versityRespectWell-BeingPro
onvergencePatternsIntegrationI

Integral Urbanism

Précis

混杂性

正如生物学的成功是用我们星球可支持的所有生命形态的容量来衡量一样，城市设计的成功应当用它所支持的人道的容量来衡量。

从最佳实践中汲取经验，整体城市主义在通往一种更加可持续发展的人居环境的道路上插上指路牌。

与逃避现实、愤世嫉俗，或者金钱至上相反，
整体城市主义旨在治愈
被现代主义和后现代主义时代
强加在景观上的创伤，
表现在：

视觉上无吸引力的场所；

公共空间匮乏并且恐惧感增强；

场所感和社区感削弱，以及

环境退化。

连通性

为实现这一目标，整体城市主义展现出五个特质：

混杂性

连通性

多孔性

真实性

敏感性

混杂性和**连通性**把活动和人凑在一起，而不是孤立物体和分割功能。这种特质把人和自然视作是共生的——房屋与景观也一样——而不是对立的。

多孔性所保持的整体性在于，既在一起，又允许通过可透过的膜而相互进入。这一点与现代主义或后现代主义都不一样，现代主义者试图拆除边界，而后现代主义者则试图强化边界。

真实性涉及积极地参加并从实际的社会和物质条件中获得启发，同时怀有伦理上的关爱、尊敬和诚实。就像所有健康的有机体一样，真实的城市 [作者把“真实性”(authenticity) 一词分解为“真实的 - 城市”(authenti-city) ——译者注] 总是根据新的需求一直成长和演化，而这种新需求的产生得益于一种自我调节的反馈环，它在衡量和监控成功与失败。

敏感性号召我们放弃控制，去深入倾听，评估过程与产品，并且把空间与时间再度整合。

被总体规划功能分区的城市，
侧重于分离、孤立、疏远与退避；
与之形成对照的是，整体城市主义强调
联系、交流与庆祝。

正如我们是自然的一部分，
我们的栖息地，包括我们的城市，亦如此。
然而，在过去的一个世纪里，
城市开发却把城市当作一个机器，只图高效地安身立命
以及把人、钱、货运来运去。

流动

那种“城市就是机器”的做法把建筑物凌驾于一块白板，或空白的历史之上。
这表现在遗弃老旧城市在远处的荒地或农地上大肆建设，
也表现在把老旧城市的大片街区推倒重来。

追求效率的另一个副产品是分区规划。
一个世纪以前被引进
由于工业产品和汽车正在改变城市体验，
分区规划隔离开了那些自亘古洪荒就是整体的功能区。

可是，正如人是互相依赖的，人们的活动，表现为城市的形态，也是这样。
只有当这些互相依赖能够旺盛的时候
城市与社区才能繁荣兴旺（才能可持续发展）

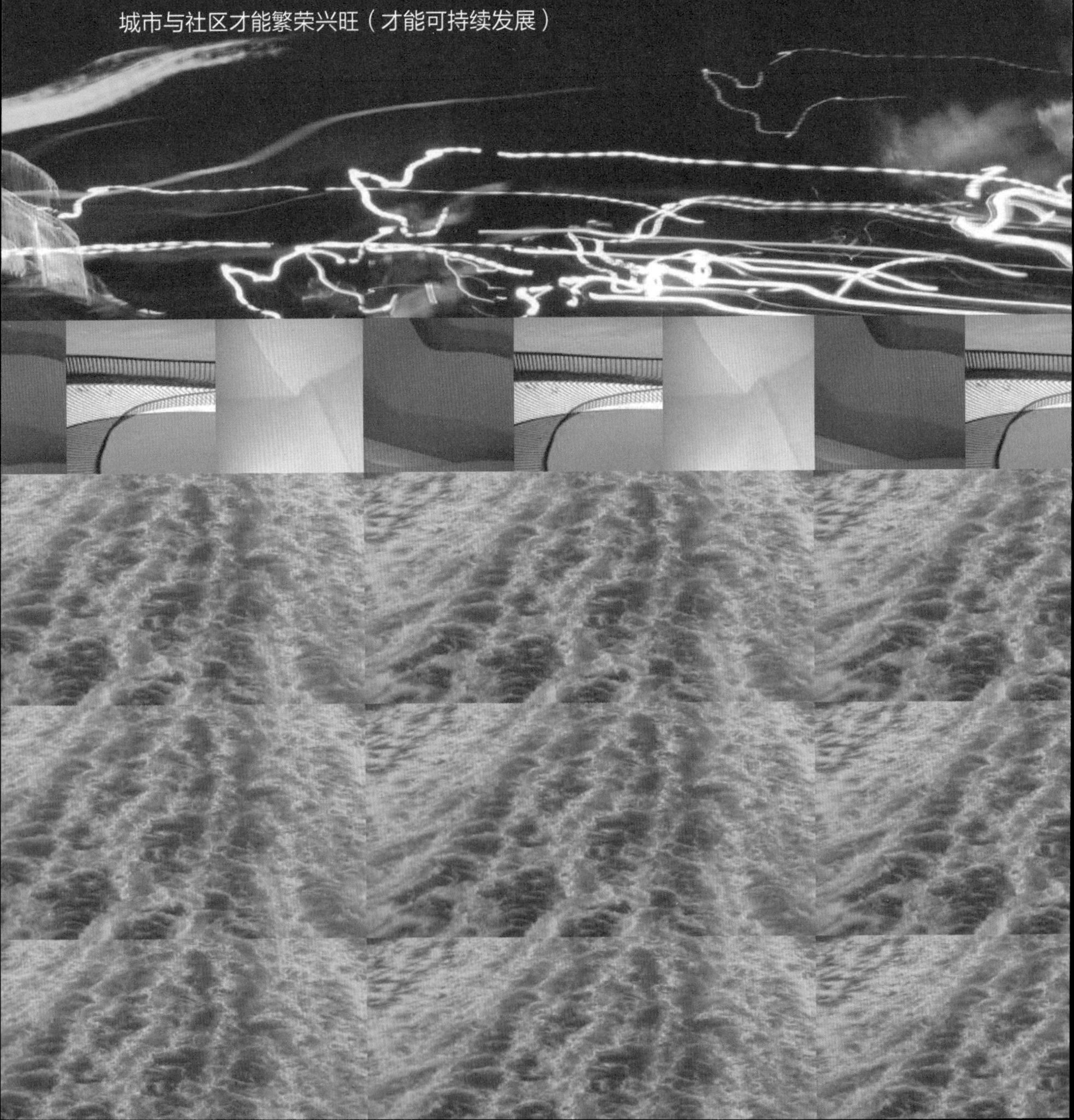

模式

我们现在才迟迟地认识到
清白历史趋势和土地利用分区所造成的问题。
不管怎样的初衷，这些“更新”我们的城市
并且使其更有效率的努力做得过头了，
最终耗干了它们的生命
并且危及我们的社区意识、安全感
以及身心健康。

整体城市主义不是忽视、抛弃或抹去我们的城市遗产，
而是**保护**我们所珍视的建筑、社区和自然景观；
修复、**利用**、**恢复**或**翻新**表现欠佳的；
增添我们未曾拥有但是又想要的，
通过有效的社区参与。

无论是应用于现有的城市肌理还是新的开发，
整体城市主义激活场所的方法是
创建阈界——产生强度的地方——
一系列的人和活动可能汇聚在那里。
在提供聚集场所的同时产生协同效应和效率，
整体城市主义提供装置——同时也解放了时间和精力——
以便各方合作展望和实现（共同）渴望的改变。

结果是：
更多的保护与更少的浪费，
更多的高品质公共空间与更少的怀疑及恐惧，
更多的高品质时间与更少的“屏幕时间”及通勤时间，
更多的主动行为与更少的被动反应。

虽然现代主义的范式
通过强调分离与控制来阻止汇聚，
这种新的范式却鼓励汇聚。
人、活动、生意，诸如此类事物
在时间和空间上汇聚
能够产生新的混杂。
这种混杂又产生新的汇聚，使得进程持续不断。
实际上，这就是发展的定义。

汇聚

整体城市主义从总体规划中偏转开来，
后者聚焦于掌控一切，
却讽刺地产生出没有灵魂或者特点的碎片化城市。
与之相反，整体城市主义建议更精准的干预，
这些干预会触发触角式效应或者多米诺骨牌效应，
在动态过程中催化其他的干预措施。
如果总体规划是对被麻醉的城市进行一场外科手术，
整体城市主义则是给一个完全清醒、注意力专注的城市进行针灸治疗。
通过打通“城市经脉”的阻塞，
正如针灸和其他生理疗法
打通人体的能量经络阻塞，
这种方法可以释放城市生命力、解放社区活力。

多孔性

从以机器为模型（现代主义），
到以过去的城市为模型（后现代主义），
整体城市主义同时在生物学和新的信息科技领域
找寻模型，例如
阈界，交错群落，触须，根茎，网站，网络，
互联网，以及因特网。
它还揭示了界线、边缘、中间区，
这些概念和实际场所的魅力。

与较早期的模型相反的是，这些模型推荐
连通性和动态性的重要意义
以及互补的原则。
比如，在两个生态系统相接的生态阈界处，
既有竞争与冲突，又有协同与和谐。
恐惧伴随着冒险和兴奋。
这无关好与坏，安全或者危险，快乐或者痛苦，胜利者或者失败者。
如果它正在蓬勃发展，所有这些都将在阈界处发生。

在整合现代城市割裂的功能时，整体城市主义也致力于整合：

· 关于城区、郊区、乡村的传统观念，以便为当代城市生成一种崭新的模型

· 设计结合自然

· 地域特色与全球化影响力

· 设计专业人员

· 不同种族、收入、年龄和能力的人。

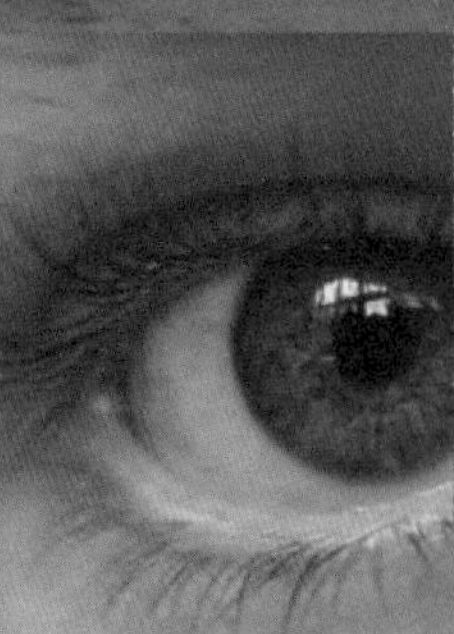

整体城市主义是关于：

网络而非界限

关系和联系**而非**隔离的物体

互相依赖**而非**独立或依赖

自然的和社会的团体**而非**仅是个体

透明或半透明**而非**不透明

可透过**而非**隔离墙

流出或流动**而非**静止

联系自然并放弃控制，

而非控制自然

催化剂，盔甲，框架，标点符号，

而非最终产品，总平面图，或乌托邦。

真实性

20 世纪的城市和环境挑战
促使人们重新思考价值、目标和实现它们的方法，
尤其是过去的十年。

与快节奏的“多就是多”的心态相反，
追求简单、缓慢、灵性、真诚和可持续性的呼声
正在显著提升。

虽然目前大行其道的依旧是被动的反应倾向，
即，形式追随虚构、资金和恐惧，
无数主动的积极方案正在与其并肩前行，
它们来自塑造环境的广大贡献者，正在把范例转向整合。

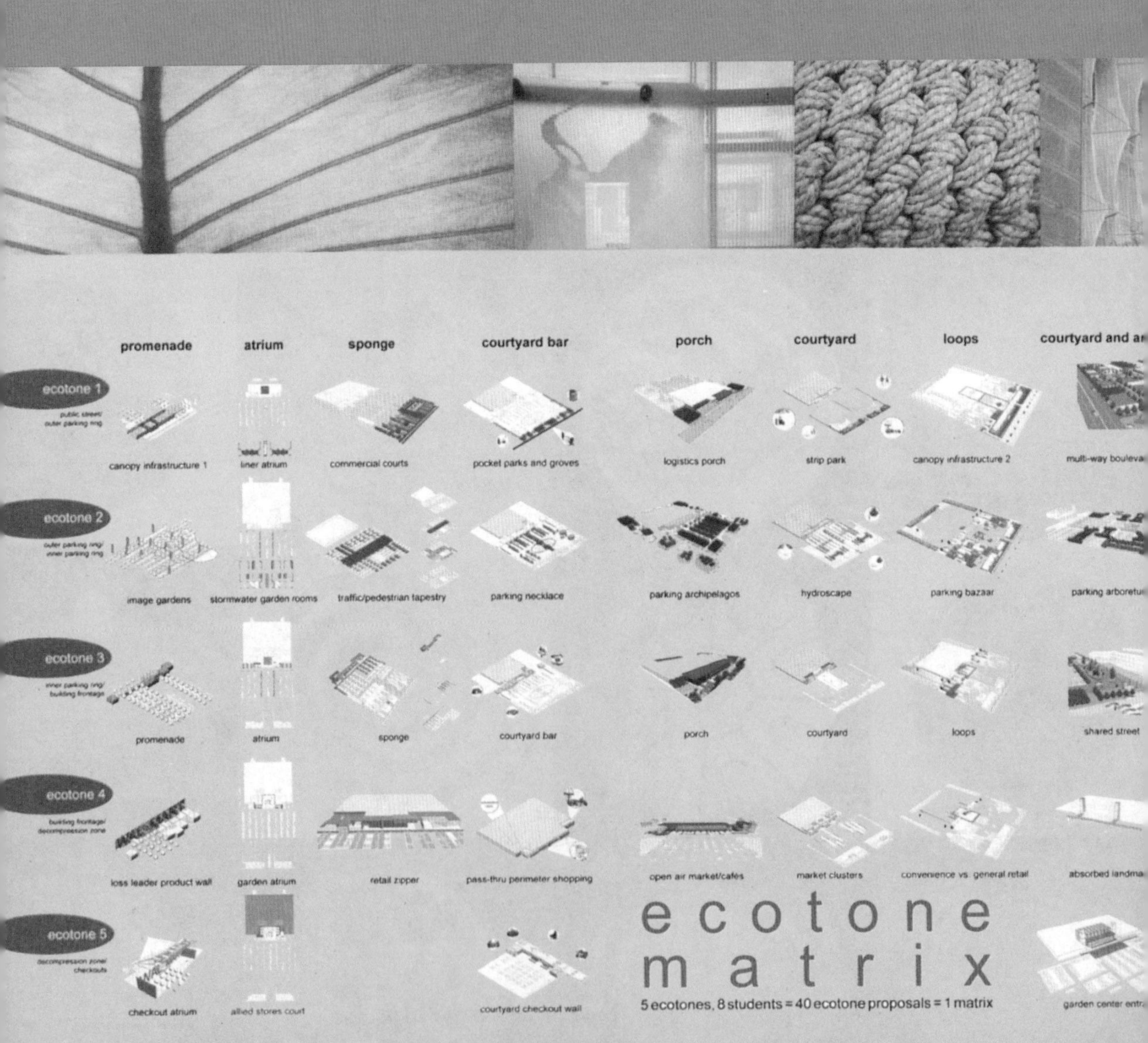

敏感性

尽管沿途中仍然存在数不清的障碍，我们还是通过了一个罕见的历史时刻，在这时，衡量对城市增长和发展有利的标准，是与政治、经济和社会的发展趋势相看齐的。

我们走过的是一个完整的圆，或者更确切地说，是一个完整的螺旋。

从自然和过去的城市所传承的智慧中，我们学有所得，并为其充满当代的情感。

与其说对于现代项目做出选择是继续还是放弃，我们对信息技术的过度依赖，随着同时发生的对过程、关系以及互补性的重新评价，正在设法消灭这种非此即彼的命题。
两种选择我们同时都在做。
两者彼此都为对方提供反馈，并相应地做出调整，保持在另一层面上实现整合的潜力。

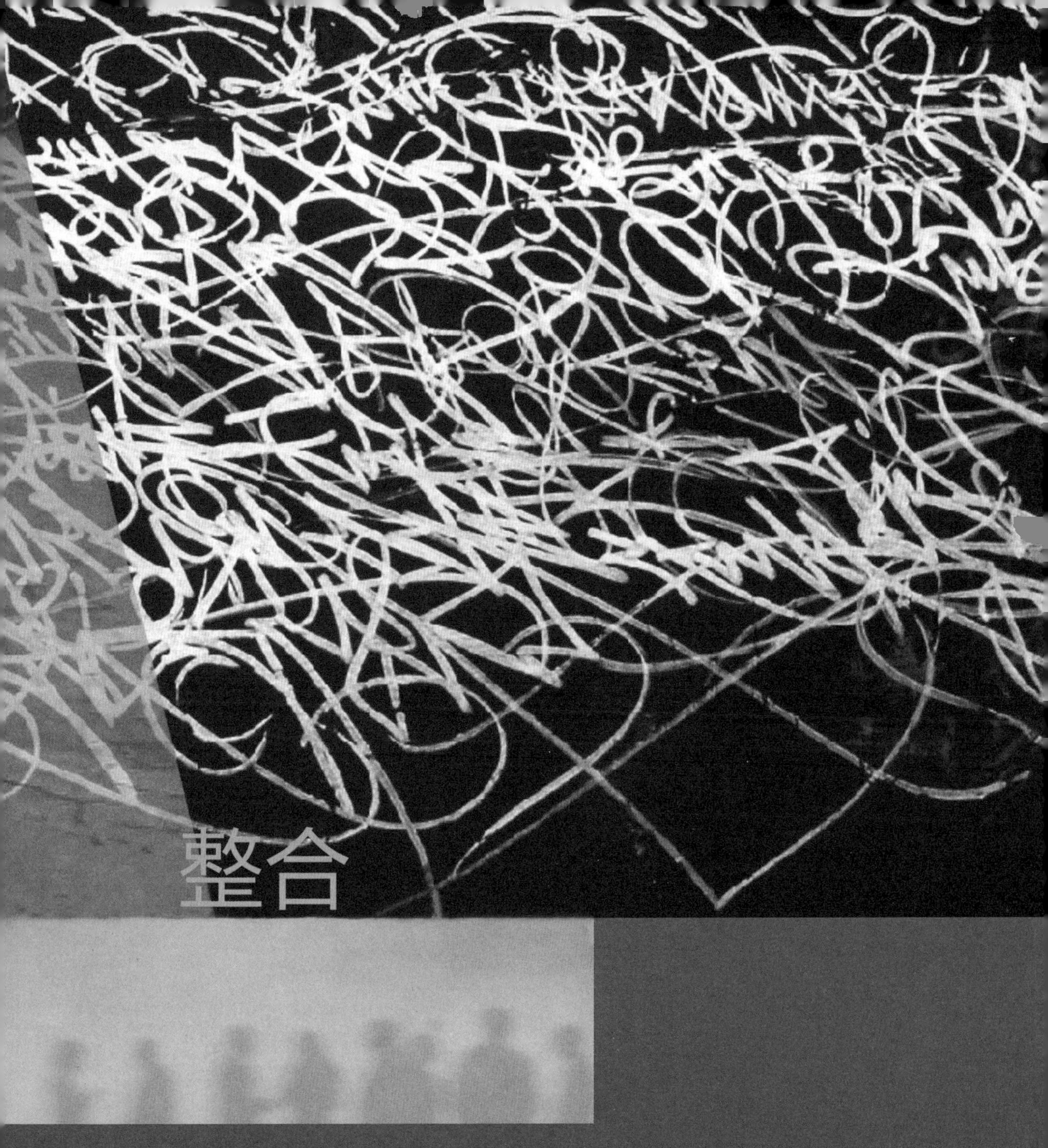

整合

现代主义时期把世界以及我们对它的认知分解成为碎片，景观设计也随之碎片化。而我们深受其害。

把不同的专业和行业整合起来，
在城市与社会的肌理方面，
整体城市主义试图修复缝隙和织补漏洞。

毅然拒绝理想化往昔或逃避现实，
为了一个充实的未来，
整体城市主义展望并实现一种崭新的整体。

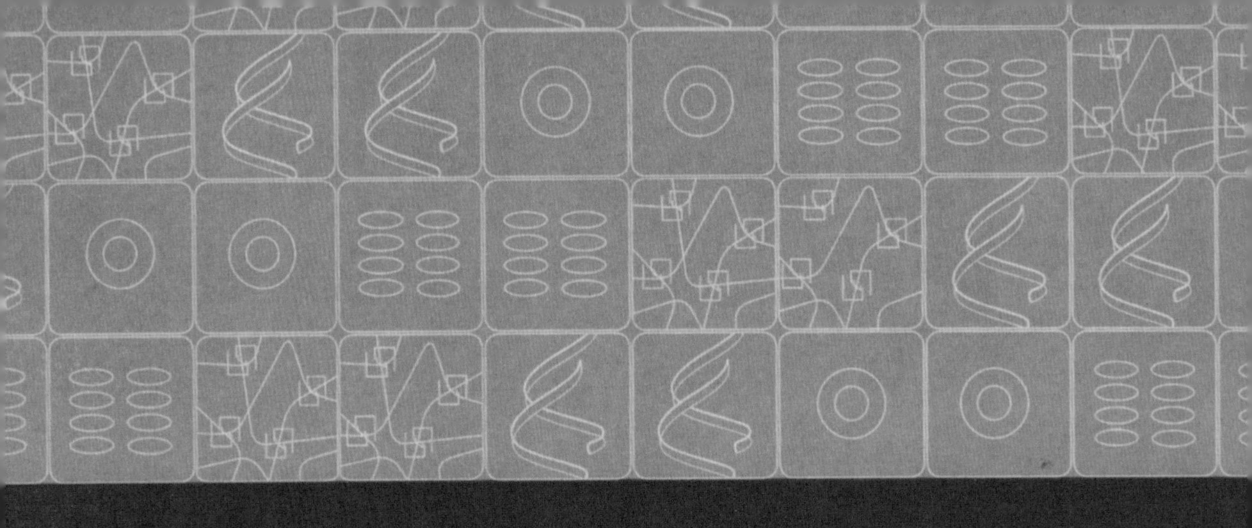

危机和压力激发所有生命体的生长与改变。
根据韧性与智慧水平的不同，
这种发生的改变有可能支持或损害系统的健康与幸福。

应用***整体城市主义的五个特质***
能够为我们的城市和社区
提供必要的精神食粮，
使其兴旺繁盛，
而非苟活。

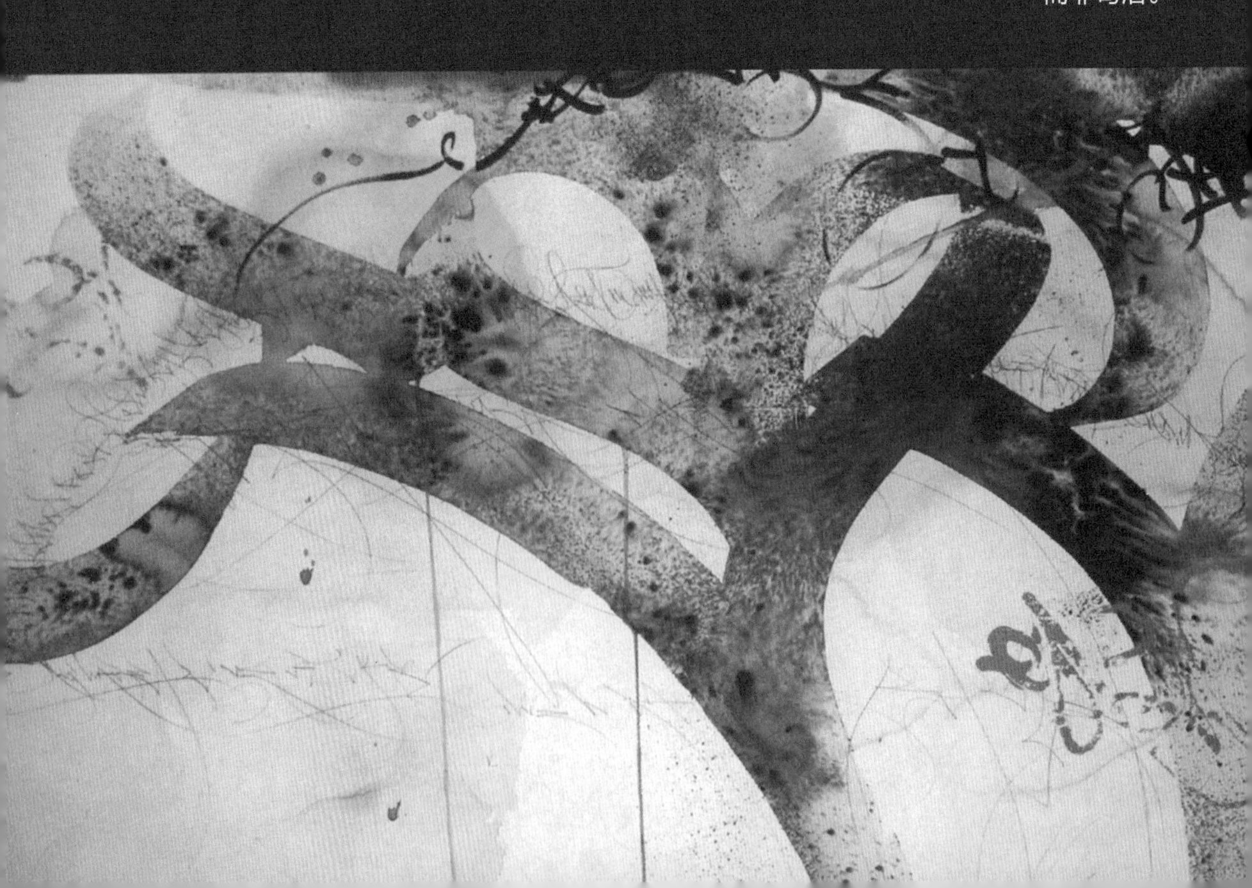

致 谢

我对已故的简·雅各布斯满怀深切的感激之情，在她铺就的道路上，我恣意漫游，并祈望有所延伸。本书共享了她在《美国大城市的死与生》（1961）所指出的前提，即，城市活力与公共安全是互补的——而非对立的——城市特质，其实现途径是毗邻的使用、人以及其他“活力引擎”。我还共享了雅各布斯的方法，即，通过观察和参与其中，学习何为对场所最好。最为重要的是，我共享了她的观点，城市就像有机体一样，通过有机干预进行优化，从而得以维持，而非通过总体规划和社会工程。自从45年前那本影响深远的著作问世，世间变化已是沧海桑田，我在本书中依然注重的，是为了我们的城市、我们的社区，提升健康与幸福的那些第一次和最重要的变化。

亚利桑那州凤凰城，过去的八年以来是我的城市和社区，也是本书中很多理念的素材与调色板。作为美国的第五大城市，凤凰城正在与指数型的增长作斗争，试图阻止其超越自由和慷慨的城市精神，或损害雄伟壮丽的荒漠景观。在我参与城市中心复兴的过程中，我有幸与诸位同仁分享理念并且共事，包括凤凰城社区联盟的唐·柯思和乔·马里·麦克唐纳；城市中心凤凰城合伙企业的布赖恩·卡尼；市长菲尔·戈登，迈拉·米林杰，以及马里科帕艺术与文化合伙人公司赛德·韦斯特；亚利桑那社区基金会的德博拉·怀特赫斯特；盐水河项目的理查德·海斯利普，亚利桑那州总检察长和前凤凰城市长特里·戈达德；甘米奇与伯纳姆公司的格雷迪·甘米奇；风笛手信托的朱迪·莫拉泽；《亚利桑那共和报》的乔恩·塔顿；议员格雷格·斯坦顿；城市中心开发办公室的帕特·格雷迪；凤凰城艺术与文化办公室的菲尔·琼斯；规划系的系主任布伦南和简·比克斯勒；地铁艺术的马特·贝克，以及亚利桑那州立大学联合城市设计项目的约翰·麦金托什。我还要感谢文艺界，特别是金伯·兰宁，格雷格·埃瑟，辛迪·达奇，格雷戈里·塞尔，比阿特丽斯·穆尔，苏珊·科普兰，米斯·格里贝蒂斯，韦恩·雷尼，戴维·怀特，卡丽·布卢姆斯顿，苏珊·克兰，玛丽卢·诺德，拉拉·陶布曼，以及谢利·科恩，感谢他们积极向上的精神，不屈不挠，和为凤凰城贡献的灵魂天赋。因为在这座沙漠大都会里创造有价值的场所，我还要向才华横溢的建筑师和朋友们致以谢意，他们是威尔·布鲁德，埃迪·琼斯，温德尔·伯内特，马威安·阿尔塞伊德，克里斯·阿尔特，克里斯蒂安娜·马斯，以及克里斯蒂·坦恩·艾克。

这些年我的学生们，在纽约大学、南加利福尼亚大学、南加利福尼亚建筑学院、辛辛那提大学、亚利桑那州立大学，他们曾听取本书中的很多理念，并提供了有价值的反馈。我特别想要感谢我的斜线城市研讨会参与者，他们为《阴影杂志》特刊“为了凤凰城的繁荣”贡献卓著：索菲娅·梅杰，吉泽斯·卡拉，珍丝·科尔布，杰伊·瓦伦苏埃拉，肖恩·戈茨琴杰，罗布·梅里尔，雷吉娜·贝尔桑蒂，乔纳森·赖特，朱莉娅·富勒，泰勒·金博尔，米图·辛，斯韦特·邦斯尔，以及乔舒亚·马尔霍尔。因为设计本期特刊，我要感谢尚恩内利·库克，莫莉·舍恩霍夫，布赖恩·普劳特，迈克·沙利文，以及托尼·真蒂利。我还要由此延伸开来，衷心地赞赏乔希·罗斯，他的想象力、才能以及合作精神使得《阴影杂志》充满活力，谱写数年的传奇。

亚利桑那州立大学为本书提供了一片绿洲，从这里可以走出去，反思快速变化的城市景象。我要把最诚挚的谢意传达给罗恩·麦科伊和约翰·穆尼尔，他们培育了延续多年的创造性探究的氛围和同事关系；还有达兰·彼得鲁奇，凯瑟琳·斯佩尔曼，以及杜克·赖特，感谢他们为我们学校和学院所作出的持续贡献。我也要感谢我的博士研究生们给予的灵感，他们对于激发积极的改变倾注了心血和热情，我还要感谢辛迪·费尔南德斯细致无瑕的整合工作。对于为本书发挥有益催化剂作用的珍妮特·霍尔斯顿以及赫伯格设计研究中心，我也感谢你们。

劳特利奇的戴维·麦克布赖德和蔼地组织了本书出版工作的各个阶段。建筑师以及平面设计师芭芭拉·安巴克有技巧地整合并绘制“图表”，优美地表达出整体城市主义的概念。来自布鲁克林的艺术家乔斯·帕勒，他的作品与本书倡导的城市特质产生了共鸣——尤其是叠层、连接、真实、流动、活力，以及标记我们的场所。我要感谢他提供令人惊叹的“Eas-X”，作为本书优雅的封面。

我永远感激我的父母卡萝尔和莫尔特·埃琳，他们的巴尔的摩社区是很多整体特质的典范，他们也一直以来都在支持和鼓励我。我 12 岁的女儿西奥多拉与我分享对凤凰城的热爱与希冀，这些年来我们共同参与并致力于它的复兴。我深深地感谢她的观点、才艺、陪伴、善意以及美德。谨以此书，献给丹·霍夫曼，我的人生伴侣和双生火焰。

写于凤凰城，2005 年

前　言

没有灵魂的专家，没有心灵的感觉论者；这种毫无价值的人却幻想着达到史无前例的文明高度。

——马克斯·韦伯（MAX WEBER）（1905）[1]

退后一步，才能跳得更远。

——法国谚语

城市设计界一直以来都陷入两种思潮对峙的僵局，这表现在：其中一方恪守历史主义，另一方则追求新鲜热闹的图片式建筑。这两种思潮各有优点和影响力，但前者的怀旧意味着对当代话题的抵触和创新方面的枯竭；而后者无所忌惮的态度又传递着非常有传染性的玩世不恭。

从本质上讲，这些城市设计的思潮是压制批判性思考的，它们不解决问题，也忽略对社区的关注。它们并不能为新兴的城市设计者提供什么有创意的或者独特的思想支持。这些人大部分都没有准备好如何治愈困扰社区、乡镇和城市的症结。

在过去的十五年里，纵横西方国家的一系列具有前瞻性的实践，正在不断震颤着这种回应性的思潮。它们产生于不同传统学派的思潮交汇之间，实践于国家、城市、郊区和乡村间的地域边界。从边缘出发，来包容以往被压制或自主选择沉默的声音。不仅如此，它们还一直在推翻边界。这些实践尽管萌芽于主流建筑设计和规划实践的缝隙之间，最近却已经从城市设计的边缘走到了聚光灯下。

尽管这类实践越来越受到欢迎，优秀的城市设计案例还是很分散稀疏，尤其是在美国。因此，相当多的景观规划仍然缺乏活力，不适合步行，甚至污染空气和水资源。同时，我们也缺少一种实用的术语来描述这些积极的实践，从而来传达、评价和完善它们。《整体城市主义》将在这些方面提供解决思路。

这本书的创作动力一半出于愤慨，一半源自激励：愤慨的是那些无处不在的抵触改善景观环境的力量，而激励则来源于那些集各方力量于一身的实践典范。之所以抵触，笔者认为，主要是由于无法用全面的视角来看待与我们的环境息息相关的许多问题。对当代问题的碎片化理解，只能产生碎片化的解决思路。尽管一个世纪以前，工业化生产催生出的劳动分工使得产量和效率都有了巨大提高，但是也导致中心城的衰落、社会隔离以及环境破坏等问题。不能系统地解决城市问题的确已经让我们付出了代价。

笔者在《整体城市主义》中所做的正是研究分工之后的再整合。雄心勃勃？是的。无畏蛮干？或许吧。城市建设和社区建设已经被切割和细分到如此地步，以至于短见的专家们有时只能看到与自身有关的片段而非整体。毫无例外地，他们也总是倾向于把整体性的综述看作是粗浅的、不完整、简单化的、派生出来的（缺乏深度、广度、原创性等等）。面对快速变化，通常默认的反应是固守习惯性的思维和做法，而不是去开拓新的领域，冒着风险去追求改善人类生存条件。

通过收集和提取这些不同的、积极的城市设计实践，来提供一个更为广阔的视角，笔者希望使这种探索更安全和成熟。我们若是想要前进，首先后退一步纵览全局是十分有必要的，先暂时将设计师的很多重要的日常工作和构成城市的普罗大众放到一边去：回应设计意向征集、会见客户代表、设计深化、查看遗留问题清单、出席城市会议、参与邻里社区活动以及商会等等，还有更多。

正如生态方面的成功是以我们的星球所能够支持的所有生命的容量来衡量，城市设计的成功应该以它所能承载的人类容量来衡量。整体城市主义旨在指引这条道路，宣传、启发和激励一个更加美好的人类栖息地。

第一章 导言

整体的（Integral）——构成整体所必需的；完整的；（由各部分）组成的、集成的。

整合（Integrate）——使形成、结合、一体化；合并；结束隔离，使在社会或组织中获得平等待遇；使消除种族隔离。

整体性（Integrity）——忠诚于艺术的或道德的价值；清廉；完整；完全而不可分割的那种品质或状态；圆满。

在建筑学和城市规划领域正在兴起一场变革，旨在修复现代主义和后现代主义时期对城市景观的破坏。这些破坏表现在城市不断蔓延、忧虑恐惧感日增、社区归属感消退，以及环境恶化。这些设计界的变革相对来讲影响较小，因为这些改革实践者们没有在统一的旗帜下；另外也因为，把对人和环境的感知思考诠释到设计中后，弱化了对思考本身的关注。尽管如此，在世界各地已经出现了许多这样的尝试，它们的影响力仍然较小，却在持续扩大；这种势头正在开始重塑我们生存的环境，改善我们的生活质量。

在西方社会，总的来说，人们的观念正在逐渐转向推崇慢节奏、简单、真诚、信仰和可持续，探索重塑在20世纪中被割裂的肉体与灵魂、人与自然以及人与人之间的关系。在建筑师和规划师中，明显地经历了从标榜机器的现代主义，到推崇过去的后现代主义，再到追求生态绿色和新兴信息科技（如：阈界，交错群落，触须，根茎，网络，万维网，互联网等）的转变。除了这些借用的概念，“界线”、“边缘”、“中间区”的概念和区域也是研究热点。

与企图控制和一步到位的早期模式不同，现在的模式强调连接、动态发展和互补。例如，在两个生态系统交叉接触的界面，既存在着竞争和冲突，又存在着和谐与共生。在那里既有恐惧，也有兴奋和探险，不能单一地评价为好或者坏，安全还是危险，快乐还是痛苦，谁赢谁输。所有这些都在一种蓬勃发展的阈界处存在着。

对于现代城市设计的逃避现实倾向，以及市场导向下的糟糕的城市增长发展状态，人们普遍感到忧虑，从而激发出越来越多的前瞻性实践。这些实践都强调从功能、社会阶级、学科，以及专业上的重新整合；强调边界的可渗透（而不是像现代主义者试图解散边界，或者后现代主义者加固壁垒）；强调带着运动的思维去做设计，既考虑在空间上的运动（动线），也考虑在时间上的运动（活力，弹性）。

格言从“少即是多”，到后来的“多即是多”，现在已经变成了“多源自少”。[1]路易斯·沙利文的“形式服从功能”（1896）在20世纪晚期被玩世不恭的风气所取代，“形式追求虚构、技巧、经济，最主要的是，抵御内心的恐惧（埃琳，1997，1999）。在新千年开始之际，形式再次回归功能，而功能也有了重新定义。功能不再仅仅指物理的机械的功能，更包括情感、象征和精神层面的全方位需求，实际上这也是沙利文的最初意图（后来被广泛误解了）。[2] 与此同时，设计师对于快速变化的态度也在转变。从 20 世纪的主流态度试图回避和控制变化，到现在转变为接受甚至拥抱变化。

这种转变对于城市设计而言影响深远。下到小规模的城市设计，上至大的区域规划，在概念和实施层面都有了理论和实践的新航程。本书中精选的示范性趋势合起来，能够提供近期城市设计的概况：它支持复杂、令人惊奇的人类需求，让我们不仅能够生存，而且繁荣兴旺。围绕着整体城市主义主题，笔者将这些创造性的解决方案进行了整理。

套用亚伯拉罕·马斯洛 1943 年提出的“需求层次理论”，我们可以说城市景观既满足我们的生理需求、安全需求，同时又满足我们更高层次的社交需求、尊重需求和自我实现需求（图 1）。这样的城市设计可以定义为“一门专注提高城市实体环境质量，为市民提供丰富、文明的人居环境的艺术和科学”。[3] 对于哲学家肯·威尔伯所描述的整合心理学（图示为“嵌套式球体”[4]）以及唐·E·贝克所说的“螺旋动力学”而言[5]，整体城市主义亦可视作是两者在城市设计领域的相似物，或者是它们的容器。

危机和压力是刺激所有生命体增长和适应的动力。然而，这种改变是否不利于一个生态系统的良好健康发展，则取决于系统的弹性和系统内在传承的智慧。人居环境的健康和幸福目前正处于一个临界点。一方面，积极的实践持续在向前推动；另一方面，阻挠和反对的势力也在产生掣肘。后者不解决问题，而只是在加剧问题。归根结底，它们是不可持续的。

通过从具有可持续性的实践中提炼出主要性质，笔者希望推动天平向积极的一方倾斜。这正是当今城市设计所面临的挑战。

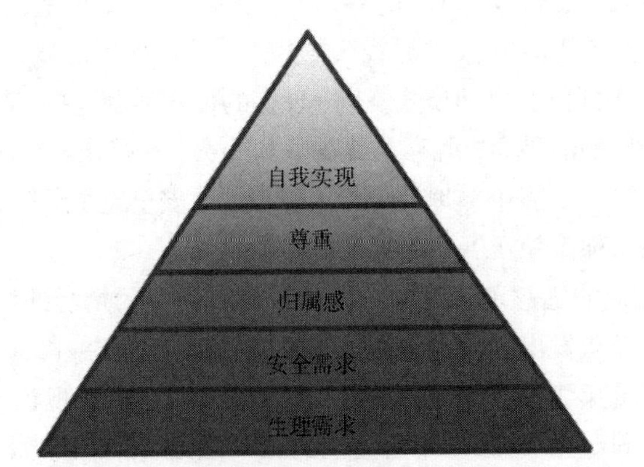

图 1　需求的层次，亚伯拉罕·马斯洛设计，由吉泽斯·拉尔绘制

第二章　什么是整体城市主义？

本质上来说，整体城市主义旨在整合：

- 功能或用途——生活，工作，交通，游乐和创造（程序，类型）
- 传统意义上的城市，郊区，乡村以及私人和公共区域的概念（形态学）
- 中心和外围（本土特色和全球化影响）（规模）
- 水平的和垂直的（平面和剖面）
- 建成的和未建的——建筑和景观，结构和环境系统，形体和大地，室内和室外（人与自然）
- 不同种族、收入、年龄、能力（通用设计）的人，本地人和旅游者等等（各种各样的人）
- 设计从业人员（建筑，规划，景观，工程，室内设计，工业设计，图形设计等专业的设计师），施工技术员和房地产业主（设计，建造，开发），客户和使用者，以及理论和实践（设计学科和业界，设计师和非设计师，概念和实施）
- 过程和结果（时间和空间，动态和静态）
- 成体系的和偶然所得，计划之内的和自发的，原则和激情（方法，态度）

流动

一切都在流动。

——赫拉克利特（HERACLTUS）

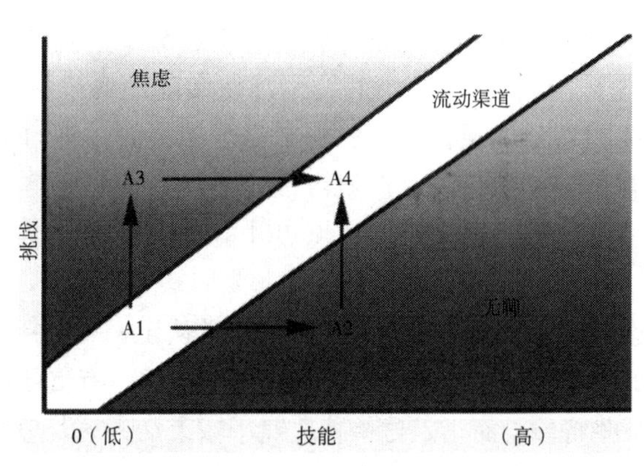

图 2　流量矩阵，米哈伊·奇克森特米哈伊设计，由吉泽斯·拉尔绘制

最终，城市的本真在于流动。

——斯皮罗·科斯托夫（SPIRO KOSTOF）[1]

整体城市主义的目标是实现流动。根据心理学家米哈伊·奇克森特米哈伊的定义，“流动”是一种处于无聊和过度刺激之间的体验（如图2所示）。它的特征是专心、有意识、和谐感、意义和目的。[2] 尽管流动这个概念的提出主要是为提升个人绩效，比如在体育运动中，但同样也适用于考虑如何让场所“处于流动状态”的问题。

当一个场所处于流动状态时，我们从直觉上就能感觉到。它是介于乏味和过度刺激之间的某种平衡状态。在这种平衡状态下，标志建筑和背景建筑水乳交融，熟悉和陌生的元素良好结合，各式各样人和活动在这里汇聚。它既不是持续无边的网，也不是城市的解构拆解。处于流动状态的场所能够让人、产品和信息顺利运转流通。过于高效的流动会导致枯燥和乏味，抹杀了神秘和好奇，最终成为现代城市的致命要害。真正处于流动状态的地方应该是充满有趣的、不期而遇的绕远路和转折路，就像舒缓奔流的河道两旁的岩石和潮汐一般迷人。[3] 由于人们需要各种不同的刺激才能处于流动状态，因此流动状态的场所应该提供各种各样的选择和不同的体验经历。

对于流动状态的场所而言，其形式的特征和人们的体验是密不可分、相互依赖的。考虑到运动的重要性，流畅——或者流动——的重要性理应更胜一筹。正如潮起潮落的概念同时也代表着它的运动形式那样，与核心区和偏远地区构成的传统城市模型相对的是，三维网络模型更能贴切地代表处于流动状态的城市。

尽管建筑学和规划在20世纪的大多数时间里都推崇以机器为原型的模型，然而，大众意识却从未放弃过早期对于场所的有机理解。当遇到一个不流动的场所时，法国人的典型评语是它缺乏灵魂；美国人则会说它缺乏性格。反之，对于一个处于流动状态的场所，法国人会评价它是活泼的、生机勃勃的、有灵魂的；美国人则会说它是生动的。以上描述都假设一个理想的场所应该拥有这些拟人化的特征。[4]

现代主义那些致力于清除城市疾病、提升城市效率的实践，其出发点是善意的，在很多方面也值得称颂；但是，现在的问题是似乎有些过头了，就像人们所说的“城市生命在流失”、“城市命脉被割断”。与此同时，全球化和随之而来的标准化，也在损害我们所在的地方景观和我们自身的独特性。我们都渴求独特而真实的体验，以及更多自由表达的空间。正如人类是相互依存的，以城市形态集中表现的人类活动也是如此。只有当这些相互依存的关系健康旺盛地发展时，城市才能繁荣发展，也只有这样才能可持续发展。

整体城市主义恰恰印证了我们对于真实场所的直觉认识——包括肮脏、混乱以及不可预知——而不是某种不能实现的、最终也不是想要的乌托邦。有整体城市特征的地方都体现出整体城市主义的某些特质，而正是这些特质赋予城市活力。若想追求城市活力，可以向这样的地方学习。

第三章　整体城市主义的五个特质

> 呆板、不活泼的城市确实蕴含着自我毁灭的种子，除此之外什么都没有。而有活力的城市在理解、交流、谋划、发明方面具有令人惊叹的内在能力，去克服它们所面对的困难……生机勃勃、多种多样、热情奔放的城市蕴含着自我更新的种子，其能量足以承载外界的问题和需求。
>
> ——简·雅各布斯[1]

流动状态的场所具有五个重要特质，包括：混杂性，连通性，多孔性，真实性和敏感性。这些特质一起标志着一种转变，不再强调孤立的个体和分离的功能，转而考虑更大的场景和多功能的场所。不再假设以往的那种人与自然、建筑和景观之间的对立关系，转而探讨一种更加共生的关系。这些特质还给共生关系交错的边界或区域带来溢价效应。此外，这些特质把过程看作最重要的，而非最终的产品。这些特质所传达的价值与以往那些总体规划显然不同，以往的总体规划重在掌握、控制和效率，往往产生碎片化的城市，没有灵魂和特色。

相反，整体城市主义倡导对场所进行及时干预，通过建立联系和关注被忽略、被遗弃的“中间地带”、“死城区”等方式，来激发场所活力（即，增强流动）。在理想的情况下，这些干预会触发触角式效应或者多米诺效应，能够在持续不断的过程中一直催化其他的干预措施。

如果打个比方，把总体规划当作是对被麻醉的城市进行一场外科手术，那么整体城市主义则是给一个完全清醒、注意力专注的城市进行针灸治疗。正如针灸和其他生理疗法的原理在于打通身体的经络以养“气”，整体城市主义则是通过打通“城市经脉”的阻塞，来释放城市生命力、解放社区活力。打通城市经脉的方法既可以在现存的建成环境着手，也可以在新开发区发力。而且，根据不同的情况和背景，可以采取多种形式。例如，有可能是设立有活力的活动中心，高品质的市民空间、绿地，或者是方便交流、连接和疏散的基础设施等等各种适当的响应措施。

整体城市主义的目的不在于制定总体规划，因此，它不痴迷于控制过程和结果导向，而是提供让事物发生的可能，有时甚至是不可预知的事物。由市民治理、由市民享利，这种干预既是直觉的也是理性的，其灵感既来源于实体的环境，也来源于社会和历史的文脉。

跟传统的规划不同，整体城市设计的干预介入并不总是通过平面和剖面来推敲和表现。它们更有可能是通过意象来传达，描绘干预可能激发的潜在的体验性。这种形象化的表达或许是具象的，也或许是抽象的，还有可能是参考或者借鉴其他的领域［参见第五章“从对立到协同（互补）”节的举例]。另外，在建立对话和吸纳用户反馈时，也经常采用互动式的方法。

伴随着城市设计理论和实践的发展演变，在社会和文化理论方面也出现了由必然推论到交叉理论的转变。其中一种转变是，从二元对立理论的结构主义思维（如：黑格尔的命题 + 反命题 = 合题，马克思的经济基础、个人意识、社会意识（上层建筑），弗洛伊德的本我、自我和超我）到后结构主义（非辩证的思维方式，承认差异而不试图统一或汇总累加这些差异）。

尽管后结构主义出发点在于寻求打破现代主义思维的局限性，结果却落入了同样的怪圈。他们把人们所共享的所有事物（语言、礼制、习俗等等）都视为“牢狱”和“抑制性规范”，以竞争的、机械刻板的范式去理解关系，而看不到互利共生和相互促进的作用。这导致后结构主义看重分离、自治、控制，支持个体流浪、不羁，独立于家庭、社区或地球之外。

哲学家查伦·斯普雷纳克把这种态度的来源归咎于“在男权社会中粗鲁地、自我毁灭式地与本体的割裂行为——割裂与大地、与女性、与母亲的关系”。[2] 斯普雷纳克认为，这种过激的、反人性的自我否认会导致“干瘪的价值贫乏，除了对权力的崇拜之外，什么都没有。”[3] 她认为，后结构主义是对深层次孤立感的一种哲学辩护，这种孤立感引发“异化、积怨、对控制欲的反抗渴求。”[4] 斯特奈指出，抱持这种立场终将是压抑的，因为它是一种“最深层孤独的文化建设”。[5]

换个思路来看，生态学方法同样也是非辩证思维，却避免了陷入后结构主义和现代主义的困境。生态的社会学和文化学理论鼓励我们看到事物的整体；而现代主义则试图以科学手段控制结果、分解要素、逐个解决，结果是突出局部片段的功能而忽略自然、本地居民等因素。[6] 生态学方法“肯定社会科学技术的应用，立足于生态理性和人本参与”。[7] 生态学方法不同于以欧洲为中心的传统观念所强调的理性客观、分解、自治、控制，而是主张交互式的主观性、社区、对话和灵活性。

正如建筑师芭芭拉·克里斯普所说，生态设计“重新连接精神与肉体，培养和强化时空感和真正的幸福感”。[8] 为了达到这个目的，生态设计师一直提倡“整体设计”，“整体系统”[9] 和“仿生学”。[10] 这些方法向自然学习，追求遵循自然的设计方式，强调渗透、系统多样性，自我调整和持续改善。借西姆·范·德·赖恩和斯图尔特·考恩的话说：“到了该停止以机械、非人本化的思维来设计城市的时候了，应该开始以尊重生活的复杂性来思考设计……我们必须在对设计认知架构中反映大自然的深层内在联系。”[11] 例如，通过利用自然能量转化和可再生资源等“软能源”，来替代集中式的、昂贵的、污染严重的“硬能源”；用“生命系统”、“活机器”取代人造机器来满足环境需求，通过聚集合适的生物群落，将一种成员的排泄物转变成植物、微生物等其他成员的食物能量来源。

仅仅在过去的十五年里，科学家才开始意识到，生物多样性对于生态系统运转的重要性。[12] 物种多样性能够确保维系动物生命的植物群落不会在干旱等恶劣环境调节下彻底消亡。丰富的生物多样性能够确保生态系统保持健康和快速修复。[13] 在景观生态学中，多样性的丧失被称为碎片。它可能是人类干预或者其他形式的干扰造成的，比如，修建公路或者成片开发郊区土地会破坏野生动物的生态走廊。[14]

建筑师肯·扬指出，不可持续的建造行为致使生态系统被简单化，导致修复能力丧失。他说："最终结果是，人类及其建成环境对生物圈内生态系统的依赖性不仅没有减少，反而是变得更加依赖。"[15] 为提高系统修复能力，肯·扬倡议"设计要实践应用生态学。"[16]

当各行各业的设计师，从家庭产品设计到区域规划设计，都在模仿自然之时，其他领域也正在经历类似的范式转变。人类学家和文化理论家越来越多地把人文文化视作自然的一部分，而不是自然的对立面。[17] 科学家探索"万物理论"时，也在使用自然法则术语去描述宇宙。进化学家提出，用"生命网"而不是"生命树"去理解人类演变。[18] 物理学家李·斯莫林提出，我们现在的宇宙是无止境的宇宙演化进程的一部分；宇宙遵循自身法则，像生物物种那样按自然选择进程演变进化。[19]

在城市设计领域也正在经历着类似的转变，从中心城市模型发展到多中心，或整体城市模型。克里斯托弗·亚历山大的文章《城市不是一棵树》（1965）显示，用数学模型来理解城市存在着缺陷，标志着这种平行理论转变的开端，现在已经广为流传（参见第 25—27，第 34—39，第 86—88 页）。

与此同时，我们已经看到，目前普遍呼吁以传统的女性价值观取代传统的男性价值观，或者至少要重新强调两种视角价值的均衡。例如，约翰·洛根和托德·斯旺斯托姆提出，为消除经济重组的有害影响，可以"基于嵌入理论的经济发展，采用类似女性化的方式来培育区域发展"，以取代"男性化的那种对流动资本的你死我活的竞争关系"。[20] 雷切尔·萨拉在她的获奖文章《粉皮书》中写道："对于建筑的老旧评判观念里带有男子主义的偏见，变革的方向在本质上是转向女性化视角……新的价值体系看重传统意义上的女性特质，诸如共情与合作，社群与演变适应，整体与多变，协商与授权，感性、体验和回应。"[21] 艺术家艾莉森·邓恩和音乐家吉姆·比奇在揭露建筑学中男性价值观特权时问道："为什么我们总在讨论全世界最高的楼，而没有人去争论世界上最宽的建筑？或者最适合人居住的建筑？最便利暖心的建筑？抑或是最有灵性的建筑？最具人文关怀的建筑？"[22] 建筑师詹姆斯·斯图尔特·波尔夏克深谙这种偏见，并决定使他的设计更具女性特质，"以使建筑多一些关怀，少一些自大"。他立誓道，"人类的舒适度需求应当认真对待，在这方面我绝不抵制。"[23]

现代对于场所和连接的认识由来已久，在科学、哲学、宗教和设计领域都有先例和印证。比如，亚洲的堪舆学（也称风水学）；强调城市和建筑需要呼吸的吠陀文化建筑；把建筑当作自然一部分的美洲原住民观念；认为城市是有生命和灵魂的文艺复兴运动[24]；20 世纪早期，芝加哥学派的城市生态学把城市看作有机体；日本新陈代谢派倡导动态设计[25]；阿基格拉姆学派提出"城市综合"概念（20 世纪 60 年代）[26]；还有盖亚假说[27]，认为，"地球是在各层级的生命与环境的相互作用之下，持续生存与发展的体系。"

然而，当今时代的认识与以往又存在着质的不同。虽然同样认为“万物普遍联系相关，并且遵循一定的普遍规律”，但是，今天这个认知中蕴含着一个命题：信息科技已经不可逆转地重构了时间和空间。现在已经不存在、也不合适再去争论城市究竟是有机体还是机器这种命题。城市也许是电子人（半人半机器）的城市，或者就是半机器。也许不可能、也没必要去严格鉴定城市是像有机体，还是像机器一样在运作。不管这多么不可思议，我们人类也变得越来越像电子人；我们身上可能安装着机器组件，比如起搏器或者假肢；我们可能依赖于助听器、胰岛素监控器或者其他设备；我们甚至可能是运用生物工程创造而出的试管婴儿。退一万步讲，我们在生活中肯定是依赖机器的，从个人数码电器到电脑、电话、汽车等等不一而足。

确实，新技术已经使生态手段的助力成为现实。不再局限于经典几何学（欧几里得几何学）的理想化形状，电脑可以模仿和呈现自然中存在的形状，也可以运用流体学、拓扑几何学、时间和空间的分形学。在建筑学和城市设计中，这些技术辅助我们把城市当作动态的而非静止的实体来表现和设计。互联网和移动技术也使得更有机的、更灵活的人居模式和沟通方式成为可能。

比如，不同于传统的“分区”做法，新技术激发了人们对于“填充折叠空间和时间”的兴趣，通过改变地平面连接区域，把现在与过去和未来连接起来，而不至于混在一起。[28] 折叠追求辨识度、支持复杂性，既不像现代城市那样同质化，也不像后现代城市那样异质化。

我们正处在跨越主宰西方长达数个世纪的二元逻辑的重要历史阶段。整体的、多中心的、不分级的、动态的模型（例如网型或网络模型）取代了线性的、层级的、静态的模型（例如树状模型）。[29] 从细胞到城市、文化和宇宙学，各种理论无一不走向发展与协同发展这一普遍规律，都强调相互依赖的动态网络关系 [30] 以及不可分割的人、自然、技术的话题。

整体城市主义的五个特质令人联想起其他相关的五个原则。在《城市意象》（1960）一书中，凯文·林奇指出：路径、节点、区域、地标和边界是我们头脑中城市地图构成的五种要素。这种分类与整体城市主义的五个特质存在着相似之处：节点提供混杂，路径提供连通，边界可以渗透，区域和标志赋予场所真实性。作家伊塔洛·卡尔维诺，尽管关注的是文学而非城市，在《致新千年的六条备忘》（1988）[31] 中，也呼吁保留五种价值。“轻”与敏感性和多孔性呼应；“快”指“基于隐形关联”的连接 [32]；“精确”呼应真实性、多孔性和敏感性；可视性对应多孔性和连通性；多样性对应混杂性。有意思的是，卡尔维诺在书中没有写最初构思的第六条备忘——“一致性”。[33] 最近，安妮塔·贝里泽拜特和琳达·波拉克总结出五种“关系”，用来描述景观和建筑的关系：互惠关系、实体关系、临界关系、插入关系以及互为基础关系。[34] 乔纳森·巴尼特假定优秀的城市设计必须满足五条原则：团体性、宜居性、流动性、公平性、可持续性。[35]

后面的章节将把整体城市主义的五个特质，通过交错排列的不同线索进行贯穿和阐释，覆盖设计和规划实践、商业和地产开发探索、不同的工作室和学术理论，以及邻里和社区的日常话题和活动等内容。我首先论述以混杂性和连通性为特点的新的集成。进而在后续章节研究差异所相遇的缝隙处，以此展示多孔性。随后进入核心问题，即整体城市主义的目标——真实性——以及如何最好地实现它——敏感性。把这些纹理、色彩、大小都不同的碎布片缝合在一起，整体城市主义可以提供一种“活的理论”[36]，以改善人类生活的场所。

墨丘利（罗马神话中众神的信使、商业神——译者注），他双足带翼，随风轻扬，足智多谋，机敏灵活，无拘无束。他建立了众神之间的关系、神与人之间的关系、宇宙法则与个人命运之间的关系、自然力量与文化形式之间的关系、世界上的客体与所有思维主体之间的关系。

——伊塔洛·卡尔维诺

唯有连接！……唯有连接散文与情感，才能使两者升华，使人类的爱登上巅峰。再也不要活在碎片里。唯有连接！那野兽与僧侣，若被剥夺其赖以生存的与世隔离，终将死亡。

——E·M·福斯特

我们生活在流动的城市。系统是设计的根，为我们试图美化的空间提供营养……城市设计、建筑设计以及景观设计项目，若不理解流动性和连通性，将注定会失败。

——克里斯蒂娜·希尔

我们关心的是运动所具有的诗意，是对连续性的感知。

——艾莉森和彼得·史密森

我们修建了过多的围墙，却没建造足够的连桥。

——斯科特·卡

错失的联系
建立的联系
虚幻的联系
渴望的和想象的联系

失去的联系
发现的
有用的
发明的
断开的
以及牢固的联系。

——纳恩·埃琳

第四章 混杂性与连通性

时机已经到来，应从城市的角度去思考建筑，并从建筑的角度去思考城市。

——奥尔多·凡·艾克

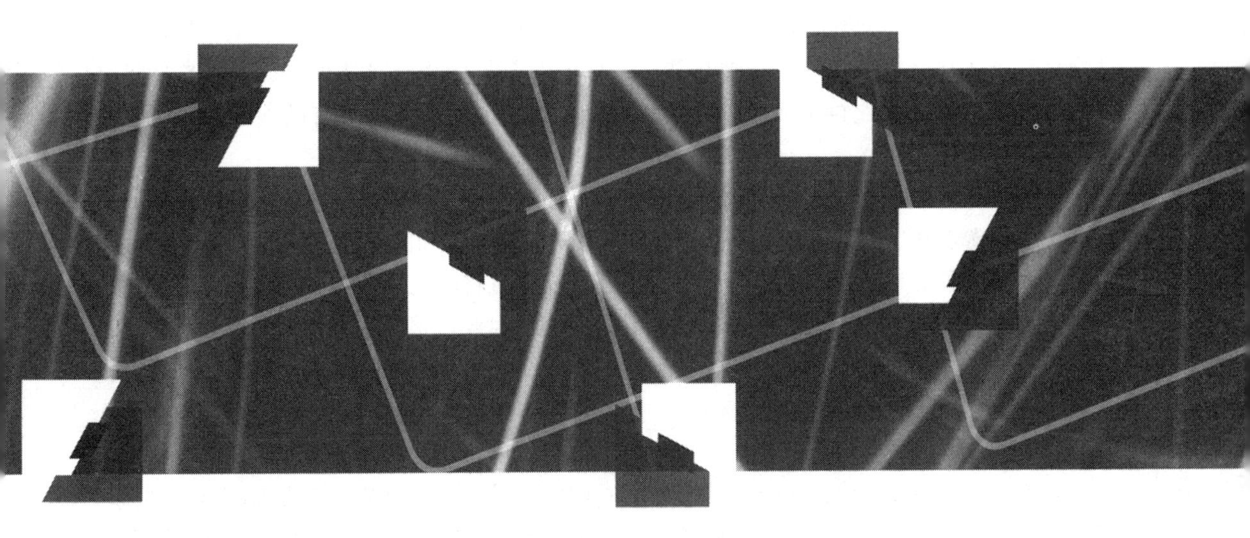

21 世纪的巨大挑战在于，要加强整合的力量，弱化分裂解构的力量。

——美国前总统比尔·克林顿

城市主义创造潜能，而建筑利用和消耗潜能……城市主义是慷慨大方的，而建筑是自我本位的。

——雷姆·库哈斯

第四章　混杂性与连通性

走向新的整合

从古代到19世纪，城市设计的首要目标是营造良好的、紧密联系的市民空间，尤其以古希腊的城市、16世纪西克斯图斯五世和多梅尼科·方塔纳时期的罗马城，以及19世纪拿破仑三世和巴伦·奥斯曼时期的巴黎为最著名的代表。然而，20世纪初，汽车的大规模生产和消费改变了移动的逻辑和尺度，进而改变了城市建筑。

这一时期，迅速在全美扩散的“城市功能”规划，把车行优先于步行考虑，主要关注越快越好地从A点到B点，而不关心旅途的质量。行人和汽车的道路被分开。土地、活动、建筑以及城区也被分开，导致城市景观变成由独立的高层建筑和用公路连接的郊区成片住宅组成。20世纪的“大都市发展”[1]极度缺少高品质的公共空间、地方特色，以及集居住、工作、通勤和娱乐等多功能于一体的综合场所，同时缺少建成区与自然景观的整合。分散和破碎化接踵而来，终结了汽车时代之前的景观所具有的连通性、适宜步行性以及场所感。

整体城市主义旨在通过混杂性和连通性将这些缺失的东西寻找回来。混杂使人们及其活动在密集的点和边界上产生联系。由此向外辐射出连接其他地方的路径。不同于现代城市主义在城市形式上分离功能的主张，整体城市主义通过将功能组合和连接（或者削减赘余，参见第八章）[2]，来重申功能共生的本质。在这样做的时候，整体城市主义向生态学和过去的城市形式学习。从生态学中取经的是逻辑思考，即，一个地方的健康发展和幸福源自优化众多的变量，而非将某个变量最大化。[3]从城市建造智慧中，整体城市主义学到的是并行、实时和集体决策，并把它们适用于当代的需求、品位以及20世纪就已经塑造的景观。

早期的城市建设智慧究竟经历了什么？在美国，大众文化和规模生产在20世纪初兴起，紧接着是二战后出现大规模的郊区化（由于汽车的作用）以及电视的普及，这些作用在一起，侵蚀了原本高品质的公共空间以及活力自信的流行文化。与此同时，大家族被小家庭所取代（特别是在中产阶层）。鼓励父亲参与抚养孩子的“新父亲运动”（20世纪20年代）在某种程度上促进了这种转变，有效地瓦解了母亲和老人照顾孩子所形成的亲情关系网络。这些在家庭结构、城市发展形式、休闲活动以及流行文化等方面同时发生的变化，割裂了我们自身和所居住的场所之间的联系感。

出于对城市主义的特别关注，简·雅各布斯在《美国大城市的死与生》（1961）一书中这样描述多样性：“在我们美国的城市中，我们需要所有类型的多样性，这些多样性错综复杂，在相互的支持中融合……多数城市的多样性是由数量惊人的不同人群和不同的机构创造的，他们具有极其不同的思想和目的，谋划和思考时不受公共政策框架规范限制。城市规划和设计的主要任务应该是去发展——在公共政策和条令所能达到的情况下——把城市建设成为适宜的场所，促使广泛而非官方的计划、理念、机会以及公共事业繁荣发展。"[4]为激发这种多样性，雅各布斯提倡多功能区域、短街区、新老建筑混合、人群聚居。[5]尽管雅各布斯的建议引起了广大公众的共鸣，但是城市设计和城市开发业界并未对此给予充分的关注。[6]

近年来，无数的建筑师和城市规划师试图改变这种与日俱增的失联感。不同于现代主义强调简单和本质[7]，许多人支持混杂性。例如，斯蒂文·霍尔倡导混杂的建筑项目、混搭的建造技术以及多样的建筑细部。[8]雷姆·库哈斯认为，城市最主要的连接原则是由"剧烈的差异"组成，即永久的混杂。[9]在《发狂的纽约》一书中，他赞扬了曼哈顿的"诗意的高密度"，以及每个街区都具备支撑无数出乎预料的叠加活动的潜力。他用不同的语汇描述混杂的纲要：复杂性、高密度、集成、交叉影响、"主题强化"。[10]库哈斯认为，程序化的元素彼此作用，从而创造出新的事件——"杂而大"成为引发质变的点金术。[11]建筑师马克·安杰利和安娜·克林曼同样提倡"由不同的甚至相互冲突的力量关系构成的混杂形态，这种形态不再是独立的，而是与其他结构相关的"，并且处在一个"不断磨合"的过程。[12]此外，城市主义者罗杰·特兰西克在《寻找遗失的空间》一书中，提倡混合使用功能，以确保城市实现更大的丰富性和活力。[13]

深度开发项目（也称"交叉功能整合"）可以在空间上实现（平面和剖面），也可以在一天、一周、一年等时间的不同时段实现。它可以使人们与活动聚集碰撞，而这在功能分离时是无法办到的。罗伯特·帕特南在《独自打保龄球》一书中，写到在陌生人中随性互动的好处时说，"像用饼干罐存零钱一样，每次的结识互动都是社会关系的一笔小小投资。"[14]都市社会学家威廉·H·怀特专门造了一个术语"三角效应"来描述这种现象。在其经典的记录文学《小城市空间的社会生活》中，怀特描述了一件公共艺术品、一个喷泉、一个街头表演者或一个亭子如何丰富了城市生活。怀特以前的学生、现在的公共空间项目负责人弗雷德·肯特解释道，当把某些看起来不能放在一起的用途放到一起，进而创造出超乎人们想象的协同作用时，就产生了"三角效应"。比如，你把阅览室放到公园里孩子们的操场旁边，然后再放一个咖啡店、一个洗衣店和一个公交站，这里就会变成一个非常有活力的场所。[15]

功能整合可以通过设计师、规划师、开发商的特意策划而实现，也可能是小经营商户和街坊邻居自发的、随意形成的。当代的某些功能整合型开发令人回想起前工业时期的城市生活形式，比如把住宅置于商店以及居住/工作空间的楼上。还有一些是对前工业时期形式的改进，比如把住宅建在仓储式大卖场的上方，分时段使用的公寓，影院/餐馆综合体，书店/咖啡店混合（既有巨无霸规模的，也有小型精品店规模的）；白天是城市广场或停车场/晚上成为户外电影院（图3、图4），还有广告与建筑立面的结合，利用壁画、布告板以及动态屏幕等投放广告。还有一些功能整合的做法完全是当代才有的。这类示例包括，设有篮球场和日托中心的办公楼、兼容不同年龄段的人群需求的社区建筑（含日托、青少年社区中心、成人继续教育，以及老年中心）、公立学校/社区中心的结合，集办公、零售中心和公园于一体的综合式停车场，可上网的咖啡吧（有时也提供电脑零售业务），洗衣店/

图 3　电影院 / 停车场 / 餐厅，乔氏咖啡国会街店，奥斯汀，得克萨斯州

图 4　电影院 / 停车场 / 餐厅，乔氏咖啡国会街店，奥斯汀，得克萨斯州

俱乐部的结合，以及戏水电影院（一边漂在筏子上，一边看电影）等等。

如今，伴随着功能整合的出现，在制度管理、房地产和商业实践中也发生着相应的改革，虽然没有很重视，但是允许建筑师和规划师所倡导的这种功能混杂。以巴恩斯书店与诺布尔－斯塔巴克斯咖啡（星巴克）合作为缩影，商业合作探索已不仅仅局限于书店和咖啡店，而是呈指数型的拓展，并且延伸到网络消费，通过电商联合（发展联盟）控制更大的市场份额，增强“黏性”留住客户。热词“汇聚”所描述的就是这种技术整合。

电子商务是线上商业整合的典型例子，它推动了无集权监管下的二手回收交易、商品和信息获取、价格公开公平。例如，在网上出售艺术品为艺术家提供了更广泛的客户群，省去了中介费，也允许顾客有更多的渠道来获得艺术产品。艺术爱好者和潜在顾客们不必再担心在装模作样的画廊东家面前表现出无知或者老土，甚至不必亲自前往画廊或艺术家的工作室。通过电子商务，顾客们只需点击几下，就能够了解以前无法接触的世界，并且购买到原创艺术品或者其他商品，还能享受送货上门服务。虽然不是由共同的物理场所而引发社区归属感，电子商务仍然催生了另一种自愿产生、并由共同的利益相连的社区意识。

在线下，一种24小时运营、室内和室外结合的儿童日托中心（又称“CC”[16]），配备有操场、室内健身房、图书馆、手工坊、专业看护人员以及医疗保健设施，是实体店整合的典型例子。与每个家庭自己带孩子相比，“CC”有很多优点。如果每个家庭自己带孩子，每家都要雇佣一名保姆或保育员，而这位保姆或保育员很可能不胜任也不喜欢看护工作，并且孩子在自家看护也接触不到其他孩子。“CC”则是设施完善、装修可爱的儿童看护中心，这里只需要雇佣4名专业的看护人员，就可以照看32个孩子。孩子们将会在专业看护人员的照顾下，在家庭以外、安全、内容丰富的环境中，和其他孩子一起成长。他们可以得到许多在家里无法提供的锻炼活动，比如举办他们自己的演出或艺术展览，主持多种主题演讲，去参观当地的工厂、农场、养老院或者剧院。这些看护人员也有了一个更优越的工作环境，而不用被隔离在某个家庭中，枯燥地照看一个孩子。对家长来说，这里不仅可以提供令他们放心的小孩成长环境，而且还可以随家长时间灵活安排。例如，24小时儿童看护中心按小时收费，如果家长不能按往常朝九晚五上下班，或者有临时会议、晚上有活动安排或者其他紧急情况，都可以应对。如果这种儿童中心与其他设施场所、公司或者住宅区邻近，又比如像图书馆等公共设施是为更大的社区服务，那么就会有新的社区互动机会，也会催生其他一些功能开发。

在城市和区域设计领域考虑混杂性、增加活动的密度时，无须增加建筑密度，或者只需在某些地方稍微增加密度，即低密度的城市就可以实现。这些新的混杂形态可以节约人力成本和自然成本，让所有人都受益。节约的资源包括时间、精力、人力、资金、水资源、能源（燃料、电、体能）、建筑材料、纸（更少的文书工作和垃圾信件）、空间及其他。

这种整合尽管会令人联想到工业管理中整合生产力提高效率的做法，但不会倒向“泰勒主义”，即，在20世纪10年代由弗雷德里克·温斯洛·泰勒提出的科学管理方法，提高产量的同时也导致非人性化管理、不道德做法以及阶层冲突。这种新的整合具有潜力，使人们更有效地满足他们的需要和愿望。原因是不存在中央集权强加监管；也因为通过节省时间、腾出新的聚集空间，公众话语权得到复兴。这种整合可以减少通勤时间，增加便捷性，保护自然环境，提供更多的高品质公共空间，创造更多的社会交往机会。[17]拥有更多的时间和互动，人们就可以讨论共同关注的问题，并且产生创新的解决方法。

新的建筑类型

众多的建筑师和城市设计师一直在探索新的形式——或者旧形式的变体——旨在综合城市和农村各自的优点，织补现状城市和乡村肌理中存在的漏洞。例如，在加利福尼亚州奥克兰的斯旺市场，派托克建筑师股份有限公司重新利用始建于1917—1940年的市场大厅，将其改造成为一座功能整合的公寓综合体，包括一座会客厅、廉租房单元、居住/办公空间、农贸市场、商业办公空间、停车场，以及儿童艺术博物馆（MOCHA）（图5、图6）。

图5　斯旺市场1，派托克建筑师股份有限公司设计，奥克兰，加利福尼亚州。由派托克建筑师股份有限公司提供并许可

图6　斯旺市场2，派托克建筑师股份有限公司设计，奥克兰，加利福尼亚州。由派托克建筑师股份有限公司提供并许可

在波特兰，西恩纳建筑公司成功地改造了一座建于19、20世纪之交的大型汽车仓库，巧妙地利用现有坡道，将一个三层停车场和公寓相连，使居民能够在自己的住所就近停车。[18]西恩纳公司还致力于创新金融和客户管理手段，在波特兰和西雅图，通过购买商业和办公建筑上方的空间产权来建造住宅，以实现这种功能整合的城市（或近郊）密度。[19]

由这种交叉功能布置所带来的可能性激发了无数的建筑创意。例如，迈克尔·甘布尔建议，在亚特兰大中心城区的业态重构中包括：（1）一所（当代）临时电影学院：由一个夜间可内外两用的停车场改造，用铝材搭建而成，当客户想在这里搭建永久建筑时，这些铝板可以轻松拆除并异地重组（图7、图8）；（2）大西洋钢铁厂改造：8字形赛道贯通已关停的大西洋钢铁厂旧址，变成防御性驾驶培训、全美运动汽车竞赛、国际汽车大奖赛活动、汽车展览会等设施，（在场地内）还有廉租房、办公室和零售商店，在这里有着相互叠合的多种速度和分层运动（图9）。

在2004年的威尼斯双年展上出现了很多新的建筑类型。[20]乔治·于提议将传统商业空间元素与梯田形的住宅景观和公共公园结合在一起。在一个名为“停车场剖面”的项目中，刘易斯·鹤卷·刘易斯（LTL）公司将停车场与零售、商业和居住整合起来。在“新郊区主义”项目中，LTL公司把郊区住宅叠加在仓储式大卖场上方，中间穿插着停车库和

图7 （当代）临时电影学院（方案1），迈克尔·甘布尔设计。由迈克尔·甘布尔提供并许可

图 8 （当代）临时电影学院（方案 2），迈克尔·甘布尔设计。由迈克尔·甘布尔提供并许可

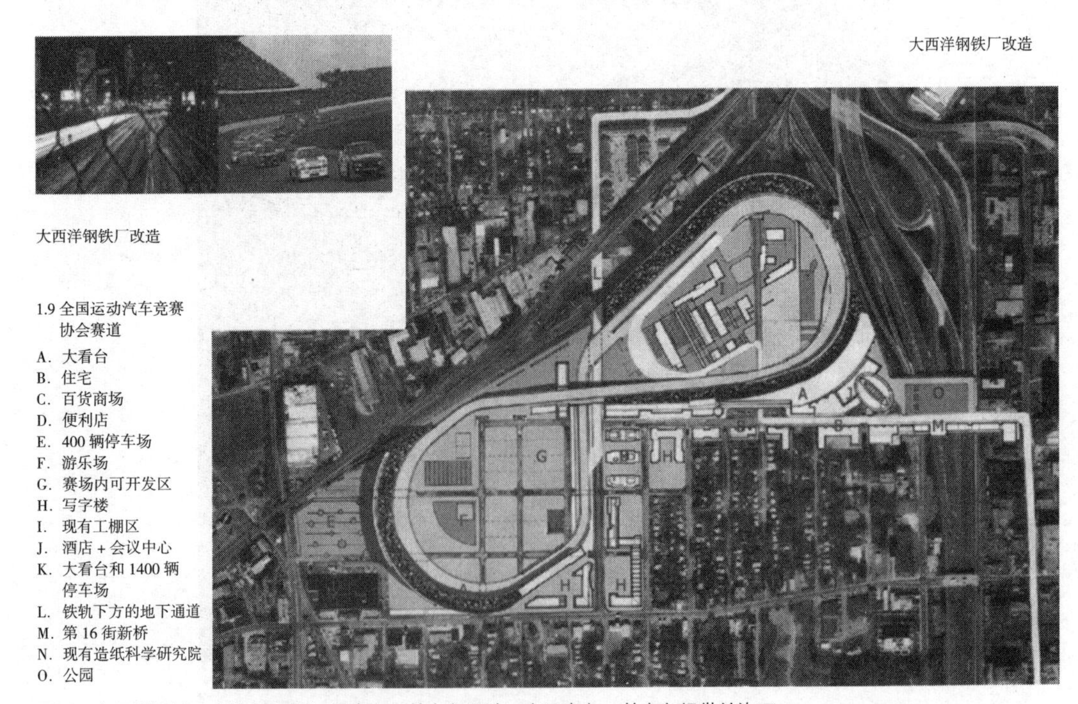

图 9 大西洋钢铁厂改造（方案），迈克尔·甘布尔设计。由迈克尔·甘布尔提供并许可

运动场。而在“停车塔”项目中，这是一座可以开车上去的摩天楼，以双螺旋系统为特征，沿着螺旋设有连续的停车位和叠加的零售、办公以及住宅。赖泽 + 梅本事务所建议重新思考和设计公路交会口，在交会口使用胶合板材料做的桥来组合住宅、步行街道和景观。

在设计大尺度建筑结构时，许多建筑师都效仿传统城市的优秀元素。肯尼思 · 弗兰姆普敦说，20 世纪 60 年代，城市发展到了“更高象征意义上的破碎化的城市主义”阶段，以槙文彦设计、1989 年建于千叶的幕张展览馆（540m × 120m）和 1990 年小一号的东京体育馆为例，这两座建筑都使用已被弃用的壳结构，并提供“一种新的城市飞地”。[21] 大型结构也效仿老城的排列肌理，比如让 · 努维尔（1994）设计的、位于法国里尔的三角车站，在两个火车站中间建立连接，布置购物中心、小办公楼、旅馆、学校、剧场和住宅等等。由摩西·萨夫迪（2003 年）设计的盐湖城图书馆设置了一条两边分布着许多商店的“主街”（图 10）。而世界各地的机场里，都设有市区品牌入驻的各种商店、餐馆和艺术馆等等，形成一种自成体系的“城市主义”。

郊区复兴

在老郊区也存在着许多这种混杂和连接的案例。埃伦 · 邓纳姆 – 琼斯写道，“一些郊区在没有社区中心和主干道的地方着手改造老商场或新建商场。它们集图书馆、邮局、商店、

图 10　盐湖城公共图书馆，主街，摩西 · 萨夫迪设计

娱乐场所、餐馆甚至住宅于一体，相较于其设计表现手法或公共利益诉求而言，在杂交整合多重用途的做法方面更具有创新力，这也反映出郊区城市建设的一种方向。[22]在美国，二战后废弃的，或者没有充分使用的许多购物中心正在被改造成临街的商店，在其上方增加居住、办公、咖啡馆或者公寓。[23]在田纳西州的查塔努加、加利福尼亚州的帕萨迪纳、佛罗里达州的肯德尔，老购物中心被改造成朝向街道的沿街商业。与此同时，在没有城市核心区的城市，正在兴建全新的“中心城区”。[24]

还有一些工作将关注点放在街道本身。在为明尼苏达州的钱哈森镇设计一个公路廊道时，建筑师威廉·莫里斯和景观设计师凯瑟琳·布朗受到启发，保留了镇上居民非常珍视的小镇特征，保护这里的自然环境，将新建道路融入整合到社区中，而不是让它分隔侵占社区。[25]还有一个多专业团队，包括建筑师祖德·勒·布朗和迈克尔·甘布尔，正在改造位于亚特兰大沿布福德公路的 16 平方英里郊区带。阿肯色州大学社区设计中心创立了一个“基础设施矩阵”，来为从费耶特维尔到郊区的 9B 干道提供更多的沿线服务设施（图 11、图 12）。

除了这些由公共部门、私营开发商、设计师所推动的做法之外，许多建于 20 世纪中期的购物中心都由私人业主进行改造，而这些改造通常反映了人口统计特征的变化。博物馆学家伊莱恩·古林仔细观察了发生在她所居住的社区的现象，该社区位于华盛顿特区城外：“在洗衣店里有台球桌、儿童玩乐区和理发店。这里以前有汇票和现金兑换的摊位，现在都搬到了隔壁专门的店里，并整合了以前设在亚洲食品市场门口的账单支付业务。亚洲食品市场的亚裔老板讲西班牙语，售卖亚洲和拉丁美洲的食物、啤酒和烈酒。不输其后的是，

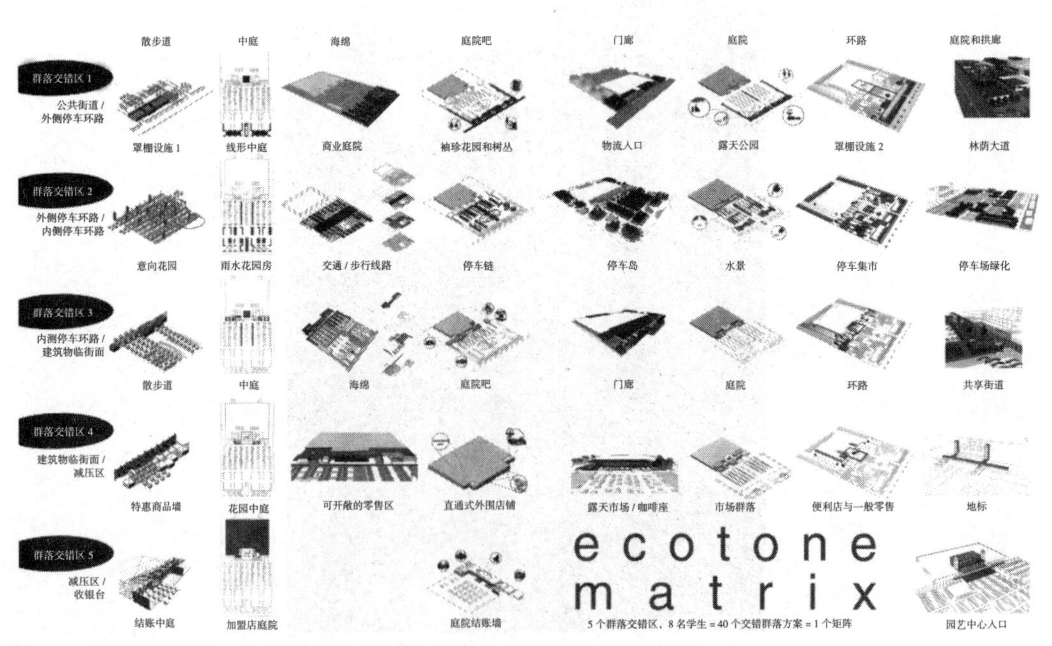

图 11　群落交错区矩阵，基础设施重组。UACDC 设计。由 UACDC 提供并许可

图 12　9B 高速公路，UACDC 设计。由 UACDC 提供并许可

拉丁美洲食品市场也销售彩票、电话卡，并且开设法国糕点连锁店；而清真食品店也出租录像带，还卖衣服。这里几乎夜以继日地在做生意。”[26]

郊区的这种城市化现象让人想起约一个半世纪前刘易斯·芒福德的观点："如果我们关注人类的价值观，我们就再也负担不起无限蔓延的郊区或者拥堵的大都市"（1961）。[27]在近郊，由大容量公交联系起来的、通过系统的功能整合而实现的低密度城市主义，能够遏制蔓延和拥堵这两种弊端。此外，集中开发核心区和廊道，可以保证对自然环境的更大保护。

混杂

无论是在大城市、小城镇还是郊区，人们总在不断思考怎样加入混搭，从而带来协同、效率以及更多收益。结果就是，功能混合被广泛地应用在交通枢纽、文化机构、零售商业、健康俱乐部、社区中心、办公场所以及户外公共空间。

洛杉矶市区地铁站和轻轨站项目就曾收到许多致力于保留和加强本地社区价值观的设计方案。约翰逊·费恩和佩雷拉事务所为查茨沃思车站设计的方案，包括复制历史原貌的查茨沃思车站、一个托幼中心，还有一些其他商业公共服务设施，都利用步行道和自行车道与自然景观相连。[28]而在更加城市化的好莱坞，康宁·艾森伯格建筑师事务所为其设计了一个充分展现邻里特色的车站，保留小尺度居住街区，在车站周围设置集中的市场摊位，而摊位楼上则是住宅和单人间旅馆。

公共图书馆近来在资源有效利用和提高公共空间品质方面也走向了前沿，所提供的已远不止是图书服务。由建筑师威尔·布鲁德和温德尔·伯内特设计的凤凰城中心图书馆，拥有当下最先进的青少年中心、书店、礼堂、画廊、室内室外一体的儿童活动区，还规划了咖啡馆（图 13）。位于加拿大艾伯塔山的红鹿公共图书馆在阅读区设有一个咖啡厅。在韩国首尔，由乔·斯莱德建筑设计公司和 BAHN 团队合作设计的忠武多媒体游乐场（2001），包含休息区、录像放映室、视频剪辑室、礼堂以及展览空间。博物馆也在发生着和公共图书馆一样的变化，比如，在新西兰（特帕帕）的国家博物馆，展览空间里也配备了咖啡厅。

最常见的功能混合是书店 / 咖啡馆，依附于大型零售商的连锁店或本地的独立商铺，比如巴尔的摩的红色独木舟儿童书店与咖啡屋。此外，还有许多其他味道的混搭组合。作为现已绝迹的廉价午餐店的升级版，位于贝弗利山的巴尼店在顶层设置了一个全日酒吧。它的客户群不再仅仅针对吃午餐的女士们，而是在白天和夜晚任何时候都可以光顾的男士和女士，而且毫无疑问也促进了旁边的领带和比基尼生意。乌尔塔是一家在全美 20 个州拥有 160 家分店的化妆品 / 水疗 / 美发超级连锁店，它同时为顾客提供药房、擦鞋服务、邮件传真上网服务、美妆柜台以及邮递服务。在亚利桑那州的斯科茨代尔，法雷利电影超级俱乐部是电影院 / 餐厅 / 休息厅的集合体。遍布美国和加拿大的幸运球道俱乐部，把保龄球馆与餐馆 / 休息区结合起来。在加利福尼亚，威廉·L·莫里斯雪佛莱经销店当初只是为等待保养的车主客户提供早餐和午餐，后来在厨师佛朗哥的建议下，发展成了在汽车展室里开设一个完整的意大利餐馆。[29] 在设计界内部，蓝天组为 2002 年威尼斯双年展设计了一个兼具车展和娱乐体验的宝马展厅。

为了增强竞争力吸引客户，康体俱乐部也在提升服务（以及设计），日托、按摩理疗、健康咖啡吧已经成为基本标配。在亚利桑那州的斯科茨代尔，坐落在麦克道威尔山的银叶俱乐部，选用当地开采的石头，以及从法国进口的回收建材：诸如有 200—400 年历史的手工制造的瓦片、石灰石的窗户细部，以及据说是从封建时期的城堡取下的大门。

地中海乡村俱乐部只对当地社区居民开放，它占地达 51000 平方英尺（约 4738 平方米），设有一个大型高尔夫球场、两个游泳池、散步冥想区，以及一个宽敞的室内 / 室外活动庭院。俱乐部里配备有健身房、美容院、水疗按摩、大型公共餐厅、私人用餐区、酒吧和设备齐全的更衣室。女更衣室面积达 12000 平方英尺（约 1115 平方米），内设一个贵宾区，配有全套服务菜单、酒吧、亚麻桌布，从阳台的座位能够看到美丽的山景和泳池风景 [30]（图 14）。

这种女更衣室的雏形可以追溯到 19 世纪末、20 世纪初，百货公司设在卫生间旁边的女士休息区。对于在那里购物的女士们来说，这些休息区是与其他女士以及她们的小孩聚会的场所，有时还会用作政治集会的场所。私人俱乐部的公共雏形可以追溯到法国的咖啡 / 舞会花园，它们通常坐落在河边，当地人和游客都可以光顾。在全天各个时段里，不同年龄段的人们在这里尽享正餐、小吃、饮料，还可以跳舞、游泳、划船。

有些城市将社区中心与图书馆、学校以及娱乐区域结合，为市民提供更大的便利（参见第五章“半透明城市主义”节的“行政孔隙”）。通过把不同的功能业态组合在一起，也把不同收入、种族、年龄的人会聚到一起（社会整合）。城市老人之村正在规划，以便为

图 13 伯顿·巴尔中心图书馆，凤凰城，威尔·布鲁德建筑师事务所和温德尔·伯内特设计。由威尔·布鲁德建筑师事务所提供

图 14 银叶俱乐部，斯科茨代尔，亚利桑那州，奥兹建筑师事务所设计

居者提供城市生活的活力，同时也为城市提供更多“街道上的耳目”[31]、非官方的社区“领导者”，也使得不同年龄段的人互帮互助，尝到年龄段混合的甜头。基层民间正在形成一种新的整合，例如，与社区工坊的融合，诸如木工、金属工艺、雕刻、绘画等等，与艺术培训、工作室、画廊和咖啡馆相结合。

开明的工作场所也在采用一些混杂型项目，它们模仿城市，并与周围的城市景观整合在一起（参见“微软公司”，第 55—56 页）。[32] 1998 年 TBWA/ 恰特 / 戴搬迁到加利福尼亚的普拉亚德雷时，把办公室设在一个大仓库里，并按照城市的模型设计了一个“中央公园”，里面种上树，并且布置了公园桌凳，还有一个篮球场，一条“主街”；主街两旁是叠堆式的“涯居”，被称为“邻里”。[33] 有些办公空间设计师把这种设计称为“基于社区的规划”。[34] 理查德·弗洛里达解释说，今天的办公室格局更倾向于“移动导向而非层级导向”。[35] 这种新的办公场所强调灵活性和流动性，几乎所有东西都要加上脚轮。比如“笔记本电脑办公椅”就是在休息椅上增加可放置笔记本电脑的小桌板，员工可以灵活移动位置或是坐在窗前办公。整个工作场所遍布着小型咖啡区，并设有笔记本电脑港湾，内置平板电视，以便员工在此开会或者工作。

土耳其设计师艾赛·比尔塞尔为赫尔曼·米勒（解决系统，1999，图 15）设计了一种 6 边形的办公桌，可以像豆荚或星座那样组合使用。因为没有直角，这些办公桌间组合形成的走道蜿蜒曲折，像前现代主义的城市街道一样。当改变空间外观的时候，办公桌或豆荚之间的纤维板能够升降，提供公用或者单独的工作空间。2001 年，比尔塞尔的“解决系统”被现代艺术博物馆列为永久收藏。[36]

再比如，人们观察到从事技术销售的员工在工作中经常打电话，并且他们喜欢边走路边打电话。因此，2000 年为纽约梅因斯普林公司（现为 IBM）设计的办公室，其特点就是设有一条“小路”，沿途散布着“电话间”，为有需要的人提供通话的私密环境（图 16）。以前这里曾经是纽约美式墙网球运动俱乐部，其中的一个壁球场被保留下来，通过使用可移动式家具，可以把壁球场转变为会议室。[37]

图 15　解决系统，艾赛・比尔塞尔设计

图 16　纽约梅因斯普林公司 /IBM 平面图，贝丝・卡茨，IIDA，维斯尼克与考尔菲尔德联合事务所设计。由贝丝・卡茨提供并许可

户外公共空间也变得越来越要求功能复合。例如，景观设计师沃尔特·胡德通过并置公园 / 林地、广场 / 停车场以及公园 / 停车场等功能，设计出满足不同群体需求的"复合景观"（参见第七章"软性城市主义"节）。在佐治亚州梅肯的白杨大街，胡德设计了四个 650 英尺（约 198 米）宽的"庭院"，集公园、停车场、公共艺术于一体。这些公共艺术品既与当地市民产生艺术共鸣，同时也具有实用功能。例如白色立方体小品，既能让人联想到棉包，同时也能作为野餐桌使用。

在空地开发实践中，也有多种尝试，都体现出这种混杂和整体的方法。景观设计师阿克法·本泽伯格·斯坦设计的自由公园位于洛杉矶瓦茨，这个公园把景观、园艺设施、科普展示和园内作物自产自销等结合在一起。由于结合了加利福尼亚本地植物和当地灌溉技术，住在周边公租房的居民、当地公立学校的学生，以及附近戒毒康复中心的客群都可以前来公园休憩。[38] 另外，在美国，还有很多组织都在尝试将废弃空地开发成为社区公园，比如希望园艺、洛杉矶本地食品银行花园、食品痞子、绿色游击队等等。除了作为社区公园之外，空地还被利用作为临时苗圃、游乐场和公园、见缝插针式的填充住宅，以及其他多功能的开发。

在描述建筑和景观之间的混杂状态时，马克·李提出了"拓扑景观"概念。他解释道：拓扑景观不是"仅仅划分空间界限"，"而是重新定义新的边界，与此同时积极寻求超越旧的边界……它不是一个静态的实体，而是一种动态的过程……"[39] 作为几何学的一个分支，拓扑学起源于 19 世纪，研究物体受到形变作用——特别是弯曲、拉伸、挤压等，但尚未断裂或撕裂时所保持的特性。[40] 从事拓扑景观实践的有格雷格·林恩、伯纳德·卡什、外国办公室建筑师事务所（FOA）、尤希达·芬德利，以及雷姆·库哈斯。

核心区与廊道

在运用混杂和连通的特性方面，大尺度的城市设计干预主要聚焦在打造核心区及其周边的廊道。规划师玛丽昂·罗伯茨和他的同事提倡扭转"传统规划注重地点和中心区的做法，倡导城市设计要注重打造网络、交通换乘枢纽以及郊区副中心"，尤其要注重中心区和副中心之间、公共区和私密区之间的连通性。"[41] 他们所推崇的是，最重要的道路和节点将构成城市的"电枢"，形成充满"运动、活动和意义"的核心区，包括公共以及半公共领域的"关键路径和场所"[42]，它们是"由重要的运动通道所延伸形成的重点区域"。[43] 他们解释说，构成这个电枢的每个组件都应当相互补强。交通网络应当彼此整合，而人行系统形成"新型城市副中心发展的自然节点"。[44] 他们强调，这个电枢的所有要素，在实现过程中"不能诉诸一种叠加而成的详细规划"[45]，而应当允许自然增长以及改变。[46]

不同于由大型主干道交通系统引导至豆荚型的住宅区，那已是传统郊区开发的一条死胡同，新城市主义运用分散的交通模式，建立起由街道、镇中心和街区所组成的网络。比如，在凤凰城外的维拉多新城，主城镇中心与小一些的镇中心通过林荫大道连接起来，并且一

图 17 维拉多，亚利桑那州，DMB 联合事务所设计

系列的公园也通过多条道路连接在一起（图 17）。

新城市主义，起源于 20 世纪 70 年代的新传统城市主义，借鉴并发展了雅各布斯以及英国城镇景观运动的思想主题。[47] 基于形式的编码模式（参见第四章“核心区与廊道”节）与功能分区的做法相反，它规定建设地点和规模，在很大程度上允许市场决定土地用途（仅在必要时加以一些限制）。沿着城市的横断面进行功能分区，尽管承认城市和农村存在质的不同，但仍然坚持要各有一定程度的混合。新城市主义虽然最初主要关注城市绿地，现在已经演化到主要关注城市修补以及与生态设计原则的结合。

在既有城区和郊区改造方面，彼得·卡尔索普提出了“城市网络”的理论，该网络由林荫大道、大街、街道组成，把机动车、公共交通、自行车与行人混合在一起。[48] 他对于这种网络的阐释是一种“在我们过去的格网式道路、机动车道以及郊区主干道之间的跨越。”[49] 城市网络在保留高速公路和主干道格网的同时，增加可用于疏解交通的连络线。公路干线被改造设计成为允许多种用途，便利行人、自行车、公共交通等的“公共交通林荫道”。而村庄中心、城镇中心，以及城市中心就设在林荫大道的交会处。

卡尔索普和威廉·富尔顿、罗伯特·菲什曼一起，将这种逻辑应用于区域层面，以形成由社区、开放空间以及经济系统组成的网络。[50] 在过去的几十年里，欧洲的社会民主制度国家，尤其是法国、瑞典、荷兰，都在应用这种网络理论来指导大尺度的城市规划，把大规模的城市增长引导到通过公共交通线路联系起来的集中开发区域。[51]

精明增长理论最早在美国发起，它支持在区域尺度上的整合。例如，威斯康星州的“精明增长”立法，帮助城市综合解决交通、土地使用、生活品质等方面的问题。[52] 美国的国家机构和政策也在促成这种整合。“重新连接美国”的作用在于交通网络的连接——飞机、火车、汽车、公交车以及步行和自行车骑行。纽约区域规划协会主席罗伯特·亚罗和林肯土地政策研究所的阿曼多·卡博内尔主张，美国要建成一个真正的航空、公路、铁路和水路联运的网络，以缓解交通拥堵、应对人为袭击和自然灾害所带来的风险。[53]

地产开发商对于密度及功能混合这种潮流翘首以盼，因为每多一平方英尺住宅与办公、零售的组合，翻译成房地产语言就意味着更大的收益。便道和公园等配套设施也被证实可以促使房地产增值。结果就是，房地产行业十分积极地参与到功能整合型项目、交通引导型开发项目、行人友好型项目，以及号称“人造密度”的大容量交通枢纽综合体项目。

支持这些潮流趋势的规划政策包括复合型功能分区规划，亦称“土地综合利用”，还有不那么广泛应用的“绩效”分区规划。绩效分区规划通过采用基于公众目标和社区视角的评价标准，对土地使用进行管制。与传统的分区相比，它不是限制土地用途，而是在允许功能混杂方面规定可接受的土地开发强度。公众目标包括确保新的开发不会加重现有基础设施的负担，或者新的开发不能阻断通往公园绿地的路径。市场规律中的“相邻吸引”也会促成使用功能的混杂和增加开发强度，而这正是城市设计师所追求的效果。

在规范实施方面，鼓励混杂性与连通性的最新举措是基于形式的规范。不同于往往导致功能分离的传统型土地利用分区规划，基于形式的规范认为，建筑物内的使用功能并不重要，重要的是建筑物的形式以及建筑物与其他建筑及街道的关系。城市的目标是形成高质量的公共空间，支持健康的市民交往，允许按照业主意愿和市场需求改变功能用途，比如，把艺术家工作室的储藏室改造成带公寓的餐厅 / 俱乐部。基于形式的规范（FBCs）只是管制某些土地的用途，在实施方面与土地功能分区是不同的。[54]

基于形式的规范在编制过程中要经过社区居民参与审查的程序，采用清晰的图片、图表和文字说明来进行表达。规范会明确建筑类型，在 8.5 英寸 ×11 英寸的纸上表示出每类建筑的平面和剖面，或者在海报上矩阵式排列展示。这些标准通常设定建筑的最高和最低高度，与毗邻建筑和街道的位置关系，入口、窗户、阳台、停车场、庭院的布置和造型。在剖面图上标记用途（零售，住房，等等），可以表示每个楼层不同的用途。而不是像土地功能分区规划那样在平面图上利用颜色、条纹和阴影线填充来区分不同用途，那样容易令人混淆困惑。剖面图表格还可以表示车道、停车场、中央分隔道、人行道、绿化带和建筑物的尺寸。基于形式的规范往往也包括景观标准，对景观设置地点和物种都有一定的要求。

1982 年，佛罗里达州的海滨新城项目引入了基于形式的规范。这个新城是从 20 世纪 70 年代末开始，由杜安尼与普拉特 – 齐贝克（DPZ）为开发商罗伯特·戴维斯设计的（图 18、图 19）。由于在消费者需求方面广受好评，基于形式的规范在海滨新城项目取得了成功。自此以后，DPZ 又编制了 200 多条基于形式的规范。在开发新城、改造旧城区、复兴和修补郊区时，其他开发商也跟随政府部门，接纳并采用基于形式的规范。这些条例能够为私人投资者提供一定水平的信心和可预见性，因而刺激房地产开发。同时，由于在条例的细化过程中采取了公众参与的工作方法，也增加了社区凝聚力和信任感，甚至使原先已经搁浅的开发提案重获许可。[55]

图 18　屋面景观，海滨新城，安德烈斯·杜安尼与伊丽莎白·普拉特－齐贝克设计

图 19　拉斯金广场，海滨新城，安德烈斯·杜安尼与伊丽莎白·普拉特－齐贝克设计

为避免每次都从草稿开始，DPZ 编制了一部《精明规范》，这是一个基于横断面的模板，将城市从最城市化的区域到最自然状态的区域组织起来。通过对这个模板进行细化，每个场所可以形成它们自己专属的 FBCs。加利福尼亚州的佩塔卢马，多年来采用传统规划毫无建树，而在采用《精明规范》后大获成功。随后，加利福尼亚州在 2004 年的总体规划导则中，正式官方支持基于形式的规范。[56]

基于形式的规范具有多种优势。由于这些规范是鼓励性的（声明社区需要什么），而不是禁止性的（什么是社区不想要的），因此 FBCs 将导致可预见的开发实施。并且，这些条例使得人们能够直观地看到将要发生的是什么，故而 FBCs 鼓励公众参与，使人们在参与的过程中获得较高水平的舒适感和能力，从而更易于理解和接受若是没有这个程序就无法认可的高密度、功能混合以及大容量公共交通。

FBCs 可以用来规范单体建筑或地块的开发，并且容易理解掌握（不需要专业知识），因此，这些规范允许众多业主进行自主开发，不需要再像从前那样，征集大量土地并因此建造大型项目。得益于公众参与的进程，这样的开发往往会呈现出不违背整体规范的多样化风貌。运用基于形式的规范，取代土地利用分区规划及其有时候是补偿性的设计导则，能够简化城市规划政策法规、简化城市设计流程，从而节省时间、精力、资金，减少矛盾冲突，同时，降低资金风险。因为这种规范是以建立在市民意愿的基础上，以健康城市为目标，所以规范的制定不是基于美学考虑，而是基于公众利益。

正如 FBCs 所提出的，城市设计师所从事的工作范围不仅仅是改变实体环境，还扩展到城市设计的潜在价值，例如，影响和推动在公共政策和公众观念领域的改革。与 DPZ 公司和卡尔索普一样，城市设计师威廉·莫里斯也致力于探索解决更大的问题。他为凤凰城提出的公共艺术规划“把艺术作为市民与公共政策制定者之间的沟通桥梁”（1991）。他在明尼阿波利斯市的项目还包括，在亨内平县工厂，创造就业机会的同时兼顾一系列小公园建设，并且把公租房和商品房住宅整合在一起。[57]建筑师迈克尔·甘布尔也加入了由设计转向政策推手的队列，特别是，他在亚特兰大改造项目中，倡议启动专项公益基金（SPI）和社区提升特区（CID）资金，用于支持基础设施建设（参见第 17—18 页）。

行政混杂

城市或区域尺度上的干预还需要另一个层面上的整合（或者混杂），即，政治和行政管理方面的单元，例如学区、公园和娱乐设施管理部门、运输管理部门、分区委员会、居民委员会、业主协会，以及房地产开发关注点之间的整合（参见第 53—55 页，行政孔隙与“分享机遇”）。正如“公共空间项目”报告中所说：

> 庆幸的是，新一波的跨部门合作正在开展，通过一种更加合作的方式把各社区联系到一起，给城市带来真正的经济和社会效益。公园管理部门与交通部门合作，为行人和骑自行车的人建立绿道等交通路网。交通部门与经济开发组织合作，将住房、商业和活力重新带回市中心。社区发展团体为了恢复城市邻里关系，开始投资公园、广场以及其他的一些公共空间。[58]

一个典型例子是，澳大利亚汤斯维尔的海滨在遭受 1998 年飓风锡德之后的重建。海滨位于市中心，海岸线长 2.2 公里。公园管理部门通过与环境管理部门、警察局以及社会团体合作，成功打造出一条包容、安全、秩序良好的“滨海林荫大道”。 在海滨的四片海滩上设有公共艺术展示、最先进的青年娱乐设施、儿童游乐场、淡水游泳池、跑步道、钓鱼台、篮球场、露天剧场、餐厅、小卖部、小花园，以及有 16000 多棵树的大公园；为了防备未来的风暴，配合灾害预防教育计划，他们还启动了净化过程不使用化学药品的暴雨流量控制项目。为了满足社区需求，汤斯维尔城市委员会定期进行调查，获取公众反馈。海滨的成功还带动了相邻地段北区郊区的振兴。[59]

在美国的威斯康星州，由几家服务机构合伙建立的一家社区医疗中心，第十六大街社区健康中心（SSCHC），远远超越了传统医疗保健服务模式。1999 年，SSCHC 组织了一次“可持续发展的设计专家研讨会”；随后于 2002 年，在国家艺术基金会赞助下，主办了 2002 年设计竞赛，主题为“鲜活社区的自然景观”。冠军花落丹佛的温克事务所，他们的设计呼吁恢复该地区的生态系统，包括毗邻市中心的梅诺莫尼河河谷。他们设计了一个雨水花园来控制水污染；同时，这里的开敞空间也成为休闲的好去处。获奖方案还提议建设一个工业园区，以便提供就业机会、增加城市税收来源。这些专家研讨会和设计竞赛，展示了可持续的再开发实践，为清理被污染土地、污染区再开发、促进经济复兴提供了思路和催化剂。[60]

建立联系

近年来，随着混合功能的开发，城市节点内部和节点间的交通联系备受关注。这一点一般是通过翻新或者重建基础设施的途径来实现。

翻新再利用废弃的基础设施，可以方便而高效地打造当代的交通 / 休闲廊道。在美国，为了推进将遍布全国的废弃铁路廊道转变为公共的“线型公园”，亦称“铁道 – 小道”项目或“小道与铁道”项目，在 1988 年专门建立了“轨道变步道”资源保护管理机构。超过 1000 英里的铁路已经完成改造，还有很多正在建设中。关于巴尔的摩、西雅图和旧金山东海湾的“铁道 – 小道”改造项目研究报告表明，改造后的步道公园对于周边房地产的增值拉动作用强劲；与此同时，小道沿线社区的税收亦有显著增长。

景观建筑师与城市设计师黛安娜・巴尔默里提出，在横穿纽黑文的铁路和废弃运河沿线地段，建设一条轻轨和绿道，以便将被分隔开的社区联系起来，同时强调步行体验。[61]约翰逊・费恩和佩雷拉斯联合公司的威廉・费恩，为大都市洛杉矶编制了一套绿色通道规划，使得 400 英里长的废弃铁路重新焕发活力，释放基础设施沿线权益，布置河流防洪控制渠，创造出一套集公共空间、休闲步道、连贯性于一体的城市网格，构成城市骨架，还成为提供就业岗位的重要资源。

废弃基础设施也有可能改造成为核心区，有时还可以与廊道相连。1995 年，和开发商弗雷德里克·史密斯一起，改造加利福尼亚州的卡尔弗城内一条荒废铁道走廊时，埃里克·欧文·莫斯提出“空中权城市”的方案，来联系被隔离的社区，并使之焕发活力。“空中权城市”方案将沿着铁道创建一个半英里长的带状公园，并在公园的一些节点位置，于轨道上方建造房屋。这些房屋利用钢柱支撑，架空设在距地 21 英尺（约 6.4 米）高处。在距离铁路道岔几个街区处，有一座莫斯为史密斯设计的萨米陶大厦，可能就是该方案的原型。萨米陶大厦以史密斯的地产公司命名。通过设在车道上方的桥廊，将两座既有的工业建筑连接在一起。这栋大厦的目标是吸引创意企业入驻。

为了留住一条位于曼哈顿西部的高架轨道，使其免于被拆除，非营利性组织“纽约市高线之友”付出了大量努力。这条高架货运铁路建于 1930 年，并在 1980 年废弃。它穿过两幢建筑物，宽 30—60 英尺，长 1.5 英里，占地约 7 英亩。2004 年，野外运营公司（詹姆斯·科纳）和迪勒·斯科菲迪 + 伦弗罗事务所的设计团队被选中，对这条高架轨道进行改造。在他们的设想中，这条高架轨道是“把各种离散的城市活动串联起来的纽带，包括冥想花园、户外剧场以及欣赏远处河景的观景台；设计理念旨在让人们去品尝日常城市生活的细微变化，体会城市肌理中大尺度空间和亲密小空间的对比冲击。”[62]设计者提出了“农 – 筑”系统的概念，即，“一种灵活而敏感的实体组织，各种各样社会的和自然的栖息地都能在此繁衍生长”。这个系统有意地模糊植被（软质景观）和道路（硬质景观）之间的界线，通过创新铺装系统，把硬质地面和软质地面整合起来。[63]

沿着曼哈顿下城的东河河滨散步道，有一处 2 英里长的滨水区域，它是将废弃基础设施改造成宜人公共空间的另一个范例。SHoP 建筑师事务所[64]、理查德·罗杰斯合伙人事务所，以及肯·史密斯合作提出了一个规划设计方案，利用巨大尺度的高速公路，把相对细碎的周边社区编织在一起。设计师把高速公路底部用金属板和混凝土板包覆，再饰以荧光灯带。他们还在高速公路下方设置了玻璃亭子，作为鲜花店、餐厅和其他功能使用。他们把景观布置在沿着水滨的零星用地上，包括码头边的花园；并在散步道与街区交会处，设计了微型公园和倒影池。建筑评论家尼古拉·乌索罗夫认为，"这个规划向我们展示了，相较于平庸笨拙的城市开发计划，在精心设计的情况下，一系列小尺度的干预可以对日常生活产生更加有意义的影响"[65]（图 20）。

继工业和公路用地的改造再利用之后，水滨和河滨也被再利用开发成为市民公共空间，这种做法得到广泛传播。这方面的实例很多，比如巴塞罗那的拉诺瓦·伊卡里亚海滩；圣安东尼奥的滨河步道；辛辛那提河岸；罗得岛普罗文登斯的水上篝火（参见第 55—57 页）；旧金山的内河码头；多伦多的美浪海滨，以及查特努加市的滨水规划。这些项目都强调将城市、社区与水滨连接起来，同时也将水滨沿岸的社区彼此联系起来。

动线的重要性使得联系成为一个重要主题，有时甚至是城市设计干预的核心动力。建筑师亚历克斯·沃尔写道，设计师们对于创造"灵活、多功能的界面"一直深感兴趣，并致力于在城市碎片和功能区之间建立联系，以便随着时间的推移，始终支持多样化的使用以及使用者。[66] 为了挖掘现存的网络，建筑师本·范·伯克尔和卡罗琳·博斯提出"运动研究"的方法，研究"各条运动轨迹的方向、时长、与不同功能的关系，以及彼此的连通性"。[67] 范·伯克尔和博斯在荷兰的阿纳姆火车站（1996—1999）项目中应用了这种方法，巧妙地整合现有的机动车交通网络和社会网络，并且设计灵感也来源于此。

虽然我们往往将运动想象成是水平方向上的步行或车行，其实运动也可以是竖直方向上的，在平面和剖面上都能产生混杂性和连通性。雷姆·库哈斯在他 1997 年设计的现代艺

图 20　东河河滨散步道，SHoP 建筑师事务所、理查德·罗杰斯合伙人事务所，以及肯·史密斯设计。由 SHoP 建筑师事务所提供并许可

术博物馆中，把动线作为空间组织思路，采用了奥蒂斯电梯的“奥德赛：整体建筑交通系统”。这种电梯系统设有密闭的玻璃舱，可以在水平和垂直两个方向移动。扎哈·哈迪德在辛辛那提市的当代艺术馆(2003)设计中，也是以动线为出发点，来辨识“能量线”。“能量线”反映的是身体和视线的移动，它们穿过空间和城市环境。[68]

步行系统

另一种将人和地点联系起来的方法是建立广泛的步行系统。许多当代的大型公共空间设计项目中，都带有19世纪弗雷德里克·劳·奥姆斯特德设计的公园和林荫大道的影子。继承了奥姆斯特德模式的公园案例包括：在科罗拉多州丹佛市和哥伦比亚的波哥大两地，由自行车道、步道、公共交通、公园、广场以及社区组成的复杂公共空间网络。

大凤凰城都市区近年来研究和出台了许多有创意的举措，以便把蔓延超过9300平方英里的城区联系组织起来。受到启发而在场所之间建立联系，威廉·莫里斯和凯瑟琳·布朗(1991)编制了公共艺术规划。效仿19世纪70年代奥姆斯特德给波士顿设计的“绿宝石项链”规划，景观设计师弗雷德里克·斯坦纳提出了“蓝宝石项链”规划，使得凤凰城内现有的水系与新建的水系相结合。建筑师弗农·斯韦巴克提倡保护凤凰城的大尺度开放空间网络，号召人们围绕网络建立开发强度密集的城市区，而不是无序蔓延的郊区(1996)。

当前，面向整个凤凰城大都市区，正在设置一套雄心勃勃的多模式徒步路线系统，把现有道路与运河、公园以及防洪区连接在一起，还新建了数英里的新步道。[69] 里奥·萨拉多栖息地修复项目，连同里奥·奥斯特扩展，在恢复自然系统的同时，既提供公园和休闲空间，也形成穿越城市中心的城市纽带(图21、图22)。[70]

图21　里奥·萨拉多栖息地修复项目，凤凰城公园与娱乐设施，坦恩·艾克景观建筑师事务所设计

图 22　里奥·萨拉多栖息地修复项目，凤凰城公园与娱乐设施，坦恩·艾克景观建筑师事务所设计

图 23　大门与环路项目，帕帕格·萨拉多步道（凤凰城，斯科茨代尔，坦佩，亚利桑那州），马氏工作室设计。由马氏工作室提供并许可

里奥·萨拉多北侧，沿帕帕格·萨拉多步道，马氏工作室[71]正在实施“大门与环路”项目，它是国家艺术基金会公共设计竞赛的获胜作品。这个项目设有一系列入口（大门），把徒步路线与现有的运动渠道（街道、步道以及运河）连接起来，为市民提供多种交通选择的机会；与此同时，还创造出充满活力的城市/沙漠中心。这种干预手段利用和扩大现有设施用途，配以便利设施——诸如座椅区、水喷泉、照明、制冷设施等——编织出一幅绚丽多姿的织锦，集沙漠风光、郊区风物、工业、历史、考古学于一身（图 23）。

车 – 筑

新型城市整合的一个重要方面，以及它所强调的流动，体现在一个兴趣点上，就是如何将汽车空间融合到大尺度的城市连通网络里，或称为“车 – 筑”（car–architecture）。[72]这些汽车空间包括高速路、公路、停车场、机动车道、加油站，以及汽车库等，差不多占据着将近 25%（有些城市比例更高）的城市景观。这些空间不再仅仅被视作是功能性的、剩余空间，而是受到越来越多的估价和再定位。这些插入城市间隙的汽车空间，不再把城市精华剔除，而是连接起之前孤立的城市片段。用于汽车的空间可以与其他类型的公共空间相连，例如公园；也可以与客运交通网络相连，例如车站、机场。

在北欧，自 20 世纪 60 年代开始引入把多种场所与停车场相组合的做法，包括树木、种植池、公共座椅、艺术小品以及儿童游戏区。[73]这类场所拥有各种各样的称谓，例如“家庭区”（英国）、“生活庭院”（荷兰），“生活街道”（德国），在设计和管理过程中都有社区的参与。这类场所不仅仅提供有品质的公共空间，而且，由于车道、人行道之间的界线是

图 24　位于古德谢泼德的共享街道，UACDC 设计。由 UACDC 提供并许可

图 25　“V- 贸”购物中心，SHoP 建筑师事务所设计。由 SHoP 建筑师事务所提供并许可

模糊的，汽车驾驶员、自行车骑行者、行人以及儿童共享公共空间，还能起到稳定交通的效应。[74] 阿肯色州大学社区设计中心正在为美国的几个项目设计共享街道（图 24）。

最近，还有许许多多把汽车空间整合入城市的例子。在巴塞罗那，安德鲁 · 阿里奥拉的加泰罗尼亚荣耀广场（1992），将交通岔口变身为一处多种功能相结合的场所，包括车行、停车场以及一个公园。[75] 在多数情况下，由于采用景观设计的处理手法，用植草砖铺装代替沥青路面，并且配备包括遮阳设施在内的街道 / 公园家具，使得停车场同时就是公园。还有些情况下，停车场被全部融入建筑中。例如，SHoP 建筑师事务所设计的“V- 贸”（V-Mall）购物中心，它位于纽约市皇后区。由于地块很小，SHoP 设计了一个室内的垂直停车场，使得购物者可以直达商场的零售区，同时还保证从购物大道能够直达毗邻的住宅小区（图 25）。

这样做的结果是，打破了车的空间与人的空间之间的藩篱，承认汽车也属于人类空间（因为车辆是由人驾驶的），并且，我们不应该将其贬谪为剩余的、忽略的、隔离的场所，那样终将把城市肌理撕裂为碎片。汽车——最初，以功能分隔为目标的时候（在现代主义时期），为隔离提供了灵感；后来，不再以功能分隔为目标的时候（在后现代主义时期），遭到忽视冷落——现在又被带回到功能混合的理念中，产生出新的城市形态和新的城市体验。

网络和自然模型

当代的先进设计实践告诉我们，网络能够为城市主义提供一种恰当的模型。[76] 同样的规律也适用于自然网络（例如，细胞中的分子，生态系统中的物种等）、人群网络，以及互联网。所有这些网络都包含很多几乎没有联系的节点，以及极少量具有非常多联系的节点，或称为“枢纽”。[77] 如果那些小节点发生衰败，大尺度的网络并不会受到影响；但如果枢纽被摧毁，则整个系统就会崩溃。因此，这些系统既是稳定而有弹性的，又有可能偶发灾难性的崩溃。幸亏由于存在枢纽，网络中每个节点的联系通常都不超过六个，即“小世界现象”，它因“六度分隔”实验而广为人知。[78] 这些网络的另一个特点是“富者愈富”。[79] 当新节点加入到某个网络中时，它们倾向于与已经形成良好联系的节点建立连接。所以，当一个新来的孩子进入一所学校时，他们通常会先去结识那些已经有很多朋友的孩子。新的科技论文往往会引用那些已经被多次引用的文献。[80] 而新的商店一般都开在已经有很多其他商店的地方。

这些网络还有其他共同的特点：节点可以自然移动，顺着连接器作触角式的运动。节点可以变大或者变小。新节点会形成。旧节点将消逝。前沿合作往往是“热门群组”的产物，人们出于相同的兴趣而相聚，直至兴趣消退而分开，最终形成新的节点。从物质方面来讲，节点是指强度或密度集中的场所。而连接器是指“渠道”，就像水系（或运河）那样，允许或者推动运动通行。连接器可以传递信息和思想，就如同播放节目的电视频道，或者像是沟通生者与逝者的精神通道。连接器还可以作为连接人、自然资源、产品和资金的渠道。网络从来都不是静止的，总是在不断地变化，以寻求一种动态平衡。[81]

我们可以辨别出六类网络（或“流动”）供城市设计师考虑，尽管它们彼此互联成为更高层次上的网络。这六种网络包括自然网络（野生动物走廊、气候带、水系、山脉等）、人类流动网络（公路、步道、铁路、航线、直梯、扶梯、楼梯等）、经济交易网络、通信与虚拟网络、社会关系网络以及历史与记忆脉络。互联的城市主义把现有网络作为研究焦点和灵感源泉，这一点与现代主义规划忽视网络，或把网络视作应清除和掩饰的刺激物完全相反。而整体城市主义则是受到生态阈界理论的启发，致力于加强这些“流动”并使之繁荣。在把不同网络联结在一起的同时，这种城市阈界及其更大的网络系统，能够保护各网络的完整性——特别是时间、空间、文化，以及多样性。[82]

人为地阻断这些网络的自然流动将会带来不利的影响。举个例子是城市增长边界。尽管其出发点是为了保护未开发土地、鼓励城区复兴，但强行设置城市增长边界就会像戴上枷锁一样，束缚城市的自然增长和发展。替代强行设置边界这样的负面举措，我们其实可以推出积极的激励策略，利用刺激或“吸引物”来增强现有的网络。这种强化的枢纽、节点和连接器可能包括一系列的高品质住房、教育和娱乐机会、工作场所、零售店，以及餐馆等。不是像城市增长边界那样勒令：“不许走”，而是说“请进来一起参与创造我们的社区吧！”这样积极的城市增强策略，可以允许城市自然地增长和改变，产生多中心型的城市，而不是被人为限制的单中心型的城市。无独有偶，教育引导孩子发展时的道理亦是如此。我们需要通过“引导行为”和“正向加强”来教育孩子，而不能通过惩罚（建立边界）来教育孩子。

我们可以通过防止海岸线侵蚀的案例学到一课。经验表明，修建宏大而造价高昂的防护堤是没有用的，因为这些堤坝终将坍塌。正如军队工程团所发现的——暗流缓和技术——海洋中有一种干预方式，能够减缓波浪翻滚而来的冲击力，有效地保护海岸免于侵蚀。[83]

同理，我们需要对中心城区进行投资，使得资源和人口不外流。就如同我们在治理海岸侵蚀中所学到的那样，竖起围墙来阻断自然进程只会适得其反。相反，我们需要重新引导增长，提供正向的强化措施，消除不必要的围墙，支持可持续的城市和社区建设。

大自然为今天的城市主义提供了包罗万象的模型，包含各种网络。例如，城市设计者可以模仿树木、河流以及毛细血管的分支模式，学习它们由水分子的运动演化的形式和功能。贾宁·贝尼斯总结了效仿自然或生态的三个层次：形态模仿、过程模仿、生态系统模仿（大型和长久的）。她建议，设计师在所有尺度的设计上都可以模仿生态系统，不论是家居产品尺度的设计还是城市尺度的设计。[84] 还有人倡导在环境设计中应用持久农业（永久农业）的原理[85]，像在亚利桑那的西瓦诺新城和密尔沃基城外的普雷利·克罗辛那样。

随着城市设计以自然为模型的理论兴起，20 世纪早期盛行的“有机体比喻”[86] 再次受到推崇。然而，现在自然不仅仅只是一种比喻，就像简·雅各布斯在《经济的本质》（2000）中所说的，经济和城市都是自然的一部分。

有趣的是，从模仿大自然中发现的进程和形式来看，正是新的信息技术在支持着这次回归（或称为螺旋式的上升）。[87] 由于计算机技术可以辅助我们设计和呈现动态、真实的建筑与城市实体，使实体环境不再像以前那样静止、一成不变，因此，计算机技术可以使得人造环境与自然进程和自然产物之间实现趋同。[88]

这些现代城市设计方法从自然界现有的形式和活动中寻求线索，令人联想到小说家伊塔洛·卡尔维诺的一段关于景观的描述：“像蜘蛛网一样错综复杂的关系网，好像在追求着某种形式”。[89] 整体城市主义不仅深刻地意识到这种由各类“流线”所构成的网络，并且从中得到启发。各种“流线”包括等高线、用地红线、市政公用设施管线、野生动植物走廊、道路和公交线路、航线、人行步道、水路以及视线通廊等。

新的密度

尽管从理论上讲，新的交通手段和通信技术使得物理上的接近变得不那么重要，但在现实中，全球各地的城市都在变得越来越受欢迎，并且相应的，土地价值也在日益攀升。萨斯基亚·萨森提出了“集聚逻辑”的定义，这是一种存在于大型公司和先进通信设施之间的趋势，他们把主要经济功能集中设在大城市，因为大城市拥有顶级管理能力和高度专业化服务，而这些正是获得“全球控制能力”的必要条件。[90] 毗邻而居有利于专业化公司，使得提供某些联合服务变得有可能。城市同时又是一个大市场，汇聚了买家和卖家。简而言之，高密度有益于业务开展。

城市越来越受欢迎的另一个原因，是因为正像 1970 年阿尔文·托夫勒在《未来冲击》一书中所预言的那样，越是使用高科技，人们就越是变得“高接触”。作为补偿，我们需要更人性化的交往方式，例如面对面的互动、手写信件并且普通邮递等。城市之所以会越来越受欢迎，是因为新一代的知识工作者更喜欢在充满活力的城市中生活。根据城市设计协会的一项调查研究，如今新入职场的上班族“倾向于拒绝郊区，宁愿选择时髦的城市邻里。他们喜欢真实。他们喜欢老房子，或者看起来像老房子的新房子。他们才不要待在郊区大学校园里等死。”在《创意阶层的崛起》一书中，理查德·弗洛里达强调了为创意阶层提供他们所重视的价值是多么重要。这些价值包括：多样性、包容性、真实性、步行可达性、活泼的娱乐形式，以及一系列文化或艺术场馆。

城市作为高度集中的人居形式，不仅仅是人们居住和工作的青睐之地，还在保护环境、节约自然资源方面贡献良多。1998 年以来，美国的精明增长模式蓬勃发展，有效减缓了城市发展的强势离心力。不仅如此，正如记者、设计师劳里·克尔所说，“密集的老城正在成为环境可持续发展的新榜样，因为这种人居方式节省空间、资源和能源……最新研究发现，根据人均指标判断，纽约州是全美国能效最高的州。1999 年，纽约州的人均能耗不到美国全国人均能耗的三分之二。”长久以来，城市一直被视为是生态生活的宿敌，而农村才是生态生活的体现；现在，城市则明显已成为最可持续的人居方式。

最初，人们曾经假设的是，数字经济将使城市变得不那么重要；然而事实恰恰相反，作为社会、政治、经济以及科技中心，城市已经变得愈发重要。在这些支持城市积聚的理由之外，还有开发商对高密度的偏好、建筑与城市规划行业对城市的偏爱，以及保护自然景观的运动等等。由此我们可以得出一个结论，在可预见的未来，现有的城市一定还会持续增加开发强度。

新型整合的表现手法、教学及实践

为了表现和展示建筑与城市的混杂与连通，设计师们也采用了相应的绘图和表现手法。许多设计师，例如 LTL 公司的保罗·刘易斯、马克·鹤卷、戴维·刘易斯，渐进线工作室的哈尼·拉希德和利赛·安·库特，采用了混合式的表现形式，把手绘、电脑绘图，以及其他技术结合在一起。彼得·泽尔纳在《混合空间》一书中，介绍了格雷格·林恩、联合工作室（UN Studio）、dECOi，以及 NOX（游戏《救世传说》）等设计师，他们采用了现实/虚拟相混杂的表现手法。

学院派和包豪斯学派的教师，尽管有很多分歧，但都热爱理想化和普遍性、纯几何关系、恰当的比例、构图关系，以及内部功能逻辑。建筑师温迪·雷德菲尔德指出：这两种传统学派，“都是只有当建筑主体设计构思成形完整后，才放在地块上实施。在这一点上，建筑设计与地形景观之间是一种寄宿关系——而不是相互共生的关系。这种寄宿关系一般都是单方面的，只突出建筑物的几何造型和内部逻辑。结果建筑成了主要的、活跃的、唯一的主角，而对于大地的处理则被看作次要的、被动的甚至是多余的。”为了纠正这种偏见，雷德菲尔德在地块分析教学中，利用图表、拼贴、浅浮雕模型等手段，来“展示景观、建筑、城市系统，这是一个完整统一、相互作用、动态均衡的系统。”

为了在城市中“寻找遗失的空间”，罗杰·特兰西克结合图底理论、连锁理论和地域理论，提出了一种“城市设计的整体设计方法”。图底理论注重建成区与未建成区的关系、公共空间与私人空间的关系；连锁理论注重场所的联系；而地域理论则重视地方文化特色。这种整体设计方法呼吁，运用轴线和透视来组织几何形体，营造方位感；形成“整体连桥”，利用建筑物，沿着通道提供不间断的格网式活动空间；室内外空间融合，以实现全年使用和能源高效利用。[91]

建筑师兼理论家斯坦·艾伦建议，采用计分、地图、图表、手稿等方式，来描述或干预“这一新的领域……在这里，可视的与不可视的信息流、资金流、主题等等，以复杂的形态交互作用，形成一个分散的领地，一种流线的网络。”艾伦解释道：“计分使我们可以用统一的形式展示和表现信息。这些信息具有不同的尺度，基于不同的坐标，甚至采用不同的语言代码。手稿可以让设计师采用专门的建筑语汇开展设计，把功能、事件与时间结合在一起。”[92] 艾伦提倡使用图表和地图，以便展示正式的以及纲领式的元素，描述“元素间的潜在关系”。[93] 艾伦指出，这种整合的方法还可以与其他领域发生互动，例如电影、音乐和表演等。

艾伦在使用计分时，将建筑师想象成是城市的作曲家和指挥。而建筑师贾萨克·科则用乐谱来类比建筑师与使用者进行创意合作的过程。他发问道：“如果建筑师的设计概念像乐谱或像编舞那样，允许使用者和建造者参与再创作，那将会怎么样呢？”[94]

雷姆·库哈斯用混杂的方法创造了一个新词，或称“合并©”，来联系原本分散的现象。举例说，高尔夫球场 + 城市肌理 =“光滑©薄的绿壳©城市主义”。[95] 再比如，“景©”这个词，既包含城市景观，又包含大地景观[96]，致力于消除存在于图与底、内与外、中心与外围之间的界限。“景©”这个概念可以便利人们将建筑、景观和基础设施聚合到一起。

纽约市的设计公司 SCAPE 是这种新整合思想的一个缩影。SCAPE 的创始人景观设计师凯特·奥福曾就职于哈格里夫斯工作室和雷姆·库哈斯工作室。SCAPE 工作室的组织愿景是“联系人们与其所处的环境”。受到大自然的结构与功能的启发，结合可持续发展的设计原则，SCAPE 希望“理解并加强生态系统与公共基础设施之间的联系，以创造有活力、有肌理的户外空间，满足长远考虑、分期实施的发展策略。”[97]

整体城市主义的另一个代表是阿肯色大学社区设计中心（UACDC）。在斯蒂芬·卢奥尼的领导下，UACDC 是一个合作研究单位，致力于通过综合解决政治、经济、环境、社会和设计问题，来提高社区的物理环境和生活质量。正如 UACDC 所阐述的：“整体设计解决方案可以带来长远利益和附带价值，比如可持续的生态经济、改善的生态环境，以及更好的公众健康——这就是创新发展的基础”。[98] UACDC 认为，当代景观设计需要新的方法来设计市民空间，并且在纷繁芜杂的文脉背景中，积极迎接这一挑战。

在一项沃尔玛改造项目中，一群建筑系四年级的学生与卢奥尼一起研究，如何提高这种仓储式大卖场对市民需求的响应，同时，又尊重传统的打折零售商业组织形式。他们提出，把门廊、庭院、中庭、步道、拱廊、酒吧、玻璃暖房等传统的城市元素，适当运用到大卖场中。另外，他们还引入对一些概念的更新解读，例如，建筑物与停车场之间的“海绵区”、以及“水景”，把自然水系作为地块的活跃元素。此外，他们还在设计中应用生态的原则。例如，在不同生态系统的交汇处，搭建了五种“生态交错群落”。这些生态系统包括：公共道路、停车场外环、停车场内环、建筑临街面、商店储存区、结账区。这样设计的结果是一种新的购物环境，把工作、休闲活动与商业购物融合在一起，最终既造福社区，又为私营企业提供便利（图 26、图 27）。

不仅城市设计的各种元素得到整合，设计手法与教学方法也在整合。对许多人来说，这种转变是受欢迎的、提供了巨大的自由。而对于那些墨守成规的人来说，则可能会感到头痛和沮丧。

图 26　沃尔玛改造项目 1，UACDC 设计。由 UACDC 提供并许可

图 27　沃尔玛改造项目 2，UACDC 设计。由 UACDC 提供并许可

先例

“文脉”一词源于拉丁语，意思是编织在一起或联系起来。在营造人居环境时，从场地以及周围环境（文脉）中寻求灵感，这种做法早有先例。对于土著文化而言，这一直都是一件理所当然的事。在西方传统中，公元前 1 世纪罗马作家、建筑师和工程师维特鲁威如是说：“做建筑时，第一个动作是到场地去”。地域敏感性一直指引着建筑与城市设计，直到新古典主义的出现。讽刺的是，新古典主义倡导从别人的地方、从别的时期寻找设计灵感。到了 20 世纪，现代主义彻底抛开了土地，建筑全部采用通用的空间，像在一张白纸上建造个人幻想的乌托邦或者是展示建筑技巧。

众多的建筑师、城市规划师、社会理论家们都反对现代主义这种不考虑背景、隔离功能的做法。例如，维克托·格伦提出在屋顶上设置停车场的购物中心以及步行的商业街（20 世纪五六十年代）。日本新陈代谢派设计出超级建筑综合体（20 世纪 60 年代），例如槙文彦的“微缩城市”。规划师戴维·克兰发展了城市规划的资本网络理论（1961—1965），社会学家亨利·勒费布尔倡导“多功能”和“可转化功能”的建筑和空间，以产生新类型的社交活动（1967）。其他的例子还包括：阿基格拉姆学派的“插接城市”和“即时城市”（20 世纪 60 年代）；第十小组的很多提案，例如“垫子式”建筑或者“地毯式”建筑[99]（20 世纪五六十年代）；情境派提出的“单一城市主义”，旨在批判现代主义的城市，并呼吁整合城市环境（1957）；密斯·凡·德·罗的“基座上的广场”（20 世纪 60 年代）[100]；圣保罗·索勒里的阿科桑底项目（20 世纪 60 年代至今），以及约瑟夫·路易·赛特为罗斯福岛所作的城市设计（20 世纪 70 年代）。[101]

刘易斯·芒福德倡导“生态技术”，在这种城市设计手段的支持下，建成环境与自然环境之间建立起均衡和自我调节的关系（1938）。[102]汉斯·沙朗在 20 世纪 60 年代提出由自然形态、建筑形态和居民社区所组成的“城市－大地－景观”。[103]他认为“城市是一种缓慢塑形的景观，把现存的拓扑结构嵌入到建成区结构的动态变化中。”他的城市观反映出二战后对于废墟下的自然景观的认识。沙朗的主张也是对有秩序的城市和分等级的城市的反映，后因经济极速扩张而遭到诟病。[104]维克托·格伦呼吁建筑师既设计园林景观也设计城市景观（1955）。[105]康斯坦丁诺斯·多克西季斯提出建筑包围景观和场地的一套理论（20 世纪 60 年代）。[106]

把交通动线作为设计的主要驱动因素，这种做法早已有之。[107]汽车的到来，促使人们痴迷于动线及其与建成环境的关系，特别是二战后。埃里克·门德尔松对动线很感兴趣，他在设计雷霍白市的韦茨曼大厦时，专门在小山上设计了一条小路通往韦茨曼大厦（1936—1937）。希腊建筑师迪米特里·皮奇尼斯在设计那些上达雅典卫城的“步道”（1950—1957）[108]时，也表达出这种兴趣。建筑师玛丽·奥蒂斯·史蒂文斯和托马斯·麦克纳尔蒂设计的林肯住宅，其特色在 1965 年的《生活》杂志上刊登时，被概括为“一条小路”、“流动与运动的渠道”[109]。其他先例还包括勒·柯布西耶的“廊式建筑”——其原始平面设计在哈佛大学的卡彭特中心（1960）得以实现；克拉伦斯·斯坦和亨利·赖特的兰德堡镇规划（1928）；波兰建筑师马修·诺维奇提出的、后由勒·柯布西耶细化的昌迪加尔规划（1951—1954）；路易斯·康的“检验动线等级”的费城规划（1953）；丹下健三的东京规划（1960）；第十小组的作品元素，以及由乔治·坎迪利斯、亚历克西斯·乔西克和谢德拉克·伍兹设计的法国新城图卢兹勒米拉尔（1961）。[110]

在纽约建筑师伍兹的职业生涯里，有很长时间是在巴黎度过的（创立自己的事务所之前，他在勒·柯布西耶的巴黎事务所工作）。他感兴趣的是“用行人的步行速度来描述距离，而不是用空间单位比如英寸来描述”[111]。他将“干道”这一概念应用到城市设计中（20世纪60年代）。正如亚历山大·祖尼斯和利安·莱法夫尔所描述的那样，“‘干道’概念超越了规划和人工建筑体，提供了一种拓扑秩序、一种把人类活动和互动的场所连接起来的方式。‘干道’是一种支持系统，很像传统城市中的路径网络。”所谓的干道“是这样一种途径，它基于空间中的人类活动，而非基于空间自身”。“干道”逐步发展成“网络”，“它不再仅仅是一个交通系统；而是一个环境系统，是‘建立宏观秩序的一种方法’，而在其实施层面上，使得‘小尺度的个性表达’成为可能。这种网络不仅仅是一种技术手段，更是建筑学上的‘一种真正富有诗意的发现’”[112]。

这种在20世纪中期对混杂性与连通性所抱持的同情态度，被现代主义的“功能分离”教义蒙上了浓重的阴影。而今，再次回想起很多这样的先驱时，今天那些提倡整体城市主义的声音被更多善于接受的耳朵所聆听，人们热衷于从过去学习经验教训，希望有助于修补当今城市的破碎化。

最近的趋势显示，尽管动机可能不一样，企业家（大型企业或小型企业）的目标与城市设计师的目标竟然意外地趋于一致。城市设计师努力识别并强化城市中潜在的机会，与此相平行（并且证明）的是，企业家们努力寻找和提供城市中潜在的市场。除了在密集开发、加强混合利用方面观点一致外，城市设计师和开发商在最佳的住宅开发方面也趋向统一，都看重高密度、填空型住宅、城市型的居住类型、自然与交通网络，以及连通的城市公共空间。令人高兴的是，好的设计带来好的房地产生意，有时反之亦然。

虽然在建筑与城市设计中，混杂性与连通性不是什么新概念，但当下和以前又有所差别。由于汽车极大地改变了城市景观与人们的生活方式，过去二十年的设计实践明显区别于“前汽车时代”的设计。他们也不同于20世纪为打破传统的“单中心城市－郊区－乡村”同心环模式而发起的“多中心城市”运动。最近的整体城市主义思潮还关注那些以前忽视或者放弃的景观角落、工业革命苏醒后的废弃工厂——即我们所称的“棕色场地”——以及二战后郊区商业街建筑，即我们所称的“灰色场地”。在改善这类遭受过创伤的景观方面，积极的隐喻说法包括创造韧带（连接肌肉组织）、织补缝隙、缝补缺口，愈合伤口等等。笔者将在下一章介绍这些并置或连接措施的具体实施情形，它们何时、在哪里发生，以及发生了什么。

在数学领域，身份仅指一个一致的实体。而自我是在关系中形成的……城市怎么能固守着自己的围墙呢？难道城市的机会不是存在于在一个整合的世界中更有可能被实现的复杂性么？

——赛宾·克拉夫特

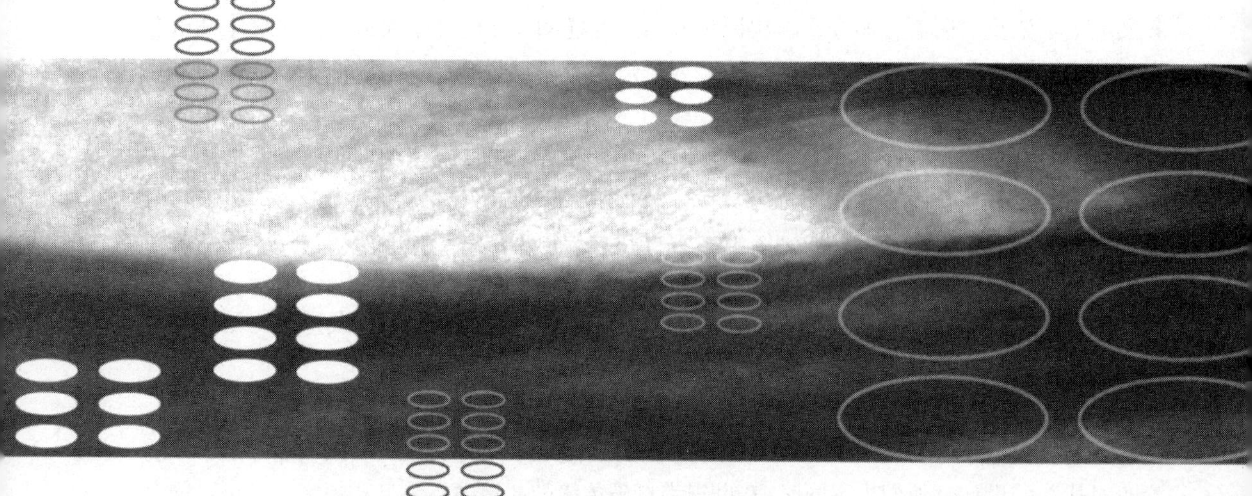

墙壁从不容纳，它们给予。

——斯泰西·阿莱莫

阳光从来不知自己有多神奇直到它投射到建筑物的墙上。

——路易斯·康

第五章 多孔性

若无疆界，思想即静止
若陷于窠臼
思想则激发卓绝的创造力。
——山本明

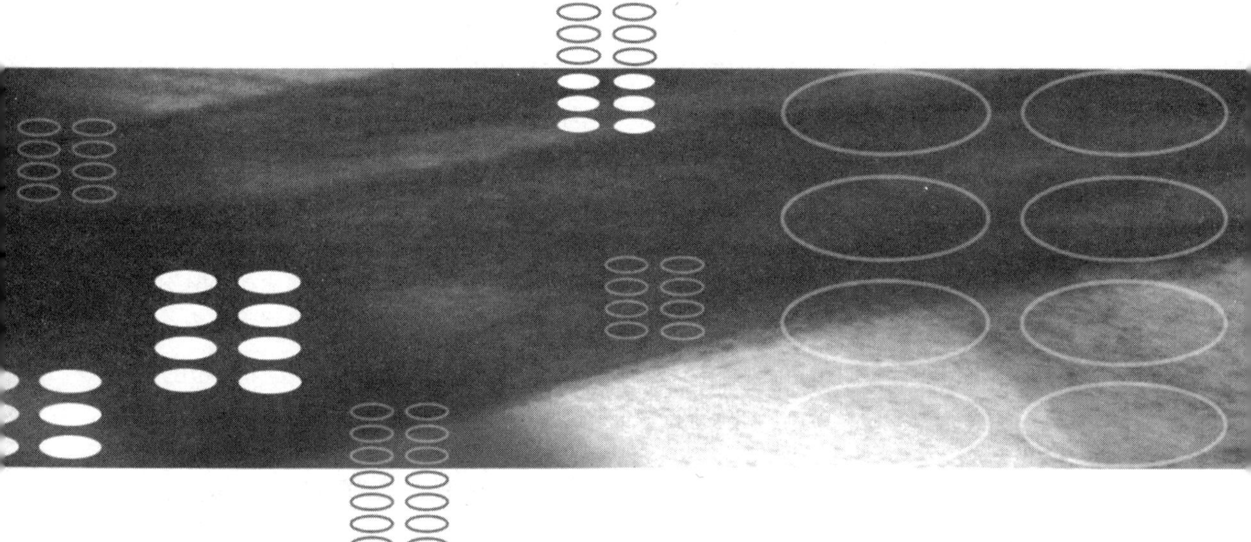

一切都发生在
肌肤 / 身体与服装之间处。
——伊西・米亚克

第五章　多孔性

半透明城市主义

如果某物或者某人是“透明的”,那么我们就可以“看穿”它背后或表面下面的东西。而“半透明”则是只显示一部分背后的、下面或内部的东西，而隐藏其余部分。由于同时具有显示与隐藏两种属性，半透明会让人们对下面或者后部的内容非常感兴趣。例如，环境艺术家克里斯托·克劳德和珍妮·克劳德夫妇所作的斗篷和包装艺术，或者罗兰·巴思的“作者式”文本[1]，或者艺伎的和服等等。“半透明”的拉丁语词根意思是“透出光芒”，所以半透明也可以理解为“通过隐藏来显示”。

半透明城市主义同样可以提升我们对城市的体验。这一点通过孔隙即可实现，它允许渗透，但却不是不加限制的流动。事实上，“流”这个词在法语中是“couler”，它是从拉丁语的“colare”演变过来的，意为过滤。墙壁——不管是真实的还是象征意义的，都会排除半透明城市主义。商场大楼、封闭管理的社区、不与周围居民共享设施的学校，诸如此类设施在其周边都缺乏孔隙。另一个极端是，过多的孔隙也会妨碍半透明性。这一点在仓储式大卖场里就很明显，各类用品都不加区别地混合放置。亦或者是在无序蔓延扩展的郊区，就像格特鲁德·斯坦对加利福尼亚奥克兰那句著名的评价那样——“那里没有什么那里”。

这两种情况——没有空隙或者太多孔隙——都会降低生活的质量。我们怎样才能找到一个适中的、令人愉快的孔隙率,从而营造出一种半透明的城市主义呢？向那些成功的案例学习，我们就可以收集到许多不同种类的孔隙,它取决于什么是允许渗透的,什么又是不允许渗透的。

视觉孔隙　允许我们看到一个空间却不能走进去。最常见的例子就是玻璃的使用,例如，商店的大橱窗。街上的人能够窥视里面，里面的人也能够盯着窗外。商店橱窗既可以诱使路人走进来，同时，店里旋转的展品与室内活动也能透过玻璃给街道增添一份活力。

视觉孔隙还有一些非常规的应用。无论是在嘈杂的城市中，还是在休闲的郊区中，越来越多的健身俱乐部给路过的行人和司机展现出一幅有氧运动、舞蹈、空手道、篮球以及其他运动的场景。这些场景展示既能为健身俱乐部提供免费的广告，也能为步行者和开汽车的人提供简短的现场表演。在巴尔的摩城外的一个犹太教堂里，用玻璃隔断将它的儿童中心从主听众席中分离出来，以便让孩子们既能接受宗教教育又不捣乱。最近，有一种流行的电视节目拍摄方式，是在临街的、装有玻璃墙的工作室里进行拍摄。像 NBC 的“今日秀”以及纽约音乐频道那样，既可以给在家看电视的人展示动态的街道景观，带来身临其境的感觉，又可以给路过工作室的行人一个现场观赏拍摄过程和出现在节目背景里的机会。在凤凰城的新帕塞奥采用了同样的方式。帕塞奥位于美国航空中心（前美国西部球馆）与周围的城市街区之间，是一条又长又细的室内空间。里边设有酒吧、一个电视工作室，还有从航空中心延伸出来的表演舞台，台上的表演能够以这个场所为背景进行现场直播。此外，全世界大大小小的机场在设计时都越来越倾向于把飞机起飞和降落的实景全面展示给人们。这类案例包括：由里卡多·博菲尔 RBTA 工作室设计的巴塞罗那机场（1988）；T·F·格林罗得岛机场（1996）；位于加拿大不列颠哥伦比亚省的维多利亚机场，由坎贝尔·穆尔设计；华盛顿的罗纳德·里根机场（1997），由西萨·佩里设计，以及圣迭戈机场 2 号航站楼（1998），由根斯勒集团设计。

视觉孔隙还可以只让我们看到部分景象，比如用纱窗、窗帘、景观篱或者其他的一些方式。举个例子，20 世纪五六十年代流行使用的混凝土图形砖，用它砌成的花格墙可以让我们的视线透过去——但是人们又不能穿越（图 28、图 29）。到了最近，还可以使用比混凝土砖更精致的材料，诸如金属网、木隔扇（或木材 – 塑料组合板）、磨砂玻璃、聚碳酸酯以及其他材料。

瑞士建筑师雅克·赫尔佐格和皮埃尔·德梅隆经常使用可以过滤光线和视线的穿孔金属板幕墙。比如位于巴塞尔的一座小住宅（1991），建筑的立面全部覆盖着铸铁条板。对于这种穿孔金属板与大面积半透明玻璃的结合使用，纽约时代杂志的建筑评论家赫伯特·马斯卡姆评价说，"建筑师把墙作为公共空间与私密空间之间的多孔膜。"在鹿特丹市艺术中心，雷姆·库哈斯从地板到顶棚都使用金属丝网，令参观者能够瞥见博物馆中其他展厅中的情景，并从其他人身上获得一种奇特的视觉感受（图 30、图 31）。法国建筑师多米尼克·佩罗也广泛使用金属丝网，例如，在剑桥为网板制造商 GKD 设计的马里兰大厦。赫尔穆特·扬使用不锈钢丝网来覆盖欧洲最大的停车楼科隆 – 波恩机场停车楼，而琼奎拉·佩雷斯·皮塔也将钢丝网应用于巴塞罗那机场的停车楼。这种钢丝网具有自

图 28　混凝土砌块墙，ASU，坦佩，亚利桑那州

图 29　混凝土砌块墙，ASU，坦佩，亚利桑那州

图 30　昆斯塔尔，鹿特丹，OMA（雷姆・库哈斯）设计

图 31　昆斯塔尔，鹿特丹，OMA（雷姆・库哈斯）设计

净功能、便于回收利用，可以倒影周围不断变化的光影与活动，看起来非常优雅。它们也可以用于投射广告或电影。虽然看上去很轻巧，其实它可以吸收巨大的爆炸力而不给结构施加压力。

彼得·卒姆托为瑞士库尔的罗马手工艺品修建的考古博物馆，以装饰木板墙为特色。通过这种墙，观光者可以瞥见房间内部，也可以按下开关照亮室内。在晚上，透光的墙面摇曳生辉，令城镇中心充满生机。在科隆的主教博物馆扩建工程中，卒姆托还设计了一种以狭长的条形砖砌成的孔墙。史蒂文·霍尔的“铰接空间”则是构建一种可视的，但不一定是体验上的空间联系。这种理论得以实现的例子是纽约市的“艺术与建筑”店面。在西雅图,有一条长廊把一个体验音乐项目与旁边的地面停车场隔开,沿长廊设有公共艺术装置，使人们能够看过去，并且从中穿过。这种艺术装置同时又充当屏风的功能，避免看到整个停车场，从而提高长廊的品质[2]（图 32）。

另外一个视觉孔隙的例子是放弃使用吊顶。此举有利于暴露机电系统，从而获得更高的空间、更易于维护，同时还能实现更有吸引力、更有趣的房间。不过，如果屋顶下方的机电管线过于引人注目，则会削弱场所的典雅感。斯韦巴克事务所为凤凰城动物园设计的石屋展馆，通过巧妙的视觉孔隙解决了这个两难问题。顶棚和管道系统被涂成黑色，设计师又巧妙地布置白色的拉索膜片来吸引人们转移注意力，这些膜片还能折射暴露的照明光线（图 33）。同时采用既显示又隐藏的手法，使得石屋展馆既华丽又亲密，激发雄伟而神秘的感觉。

与视觉孔隙有关的是阳光孔隙，简单地说，就是允许或者禁止自然光线和热量进入某个空间。例如圣方济女修道院（在墨西哥城外，1952—1955），建筑师路易斯·巴拉甘在窗

图 32　公共艺术装置，西雅图

图 33　石屋展馆，凤凰城动物园。斯韦巴克建筑师事务所设计

上使用黄色涂料来屏蔽视线，同时允许光线和声音透过。最近，通过运用半透明材料把日光引入隐蔽空间，阳光孔隙得到普遍实现。例如，纽约市的联运换乘车站，以及琼斯事务所在亚利桑那州立大学的拉蒂·库尔大楼。

随着新纺织物的生产，以及人们对阳光辐射危害的风险意识增强，各种各样过滤光线的遮光帘和遮阳设施层出不穷。这方面的先例包括：勒·柯布西耶的百叶窗，这是一种适合于热带地区的混凝土遮阳装置，以及弗兰克·劳埃德·赖特的带图案的遮阳装置。还有更多近期的例子，包括理查德·迈耶在纽约市佩里街 173 号和 176 号的住宅塔楼（2003）使用的扁平金属丝工艺制品，以及世界各地各种形状和尺寸的轻质可拉伸遮阳百叶。密尔沃基艺术博物馆是圣地亚哥·卡拉特拉瓦在美国的第一个建筑设计作品，他为这个博物馆设计了一款遮阳帘，如同羽翼一般，可以通过升降调节光线和辐射热（2001）。在由摩西·萨夫迪设计的盐湖城图书馆，在儿童阅览区设置了水平的织物百叶，当阳光最强烈的时段可以拉伸开来，为书籍和人们提供防护，与此同时又不把人们与室外环境彻底隔开，当阳光透过时营造出一种愉悦的斑纹效果（图 34）。上文提到的板条墙既能让太阳光进入，又能带来视觉孔隙。琼斯工作室设计的凤凰城某写字楼在这方面很有特点，在结构玻璃幕墙之外，隔几英尺上方悬挑一面格栅百叶墙，在减少阳光直射的同时阻挡直接的视线。

半透明混凝土既能让视线和阳光穿透进来，创造视觉上具有吸引力的场所，同时也能够提供更安全的防护。在与雷姆·库哈斯谈过关于半透明混凝土的可能性之后，建筑师比尔·普赖斯，时任大都会建筑事务所（OMA）的研发部主管，于 1999 年开始研发半透明混凝土，所采用的技术是向碎石、水泥和水中添加玻璃纤维[3]（图 35、图 36）。匈牙利建筑师

图 34　盐湖城公共图书馆，儿童区，摩西・萨夫迪设计

图 35　比尔・普赖斯研发的半透明混凝土。由比尔・普赖斯提供并许可

图 36　比尔・普赖斯研发的半透明混凝土。由比尔・普赖斯提供并许可

阿伦·洛桑奇 2001 年在斯德哥尔摩皇家大学美术学院学习时，开始研究开发半透明混凝土，并于 2004 年建立了以德国为基地的利透光（透光混凝土）公司，使该项技术商品化。[4] 斯德哥尔摩的一条人行道展示了这种半透明混凝土技术。白天看起来是普通的人行道，到了夜晚，由于下面有照明，使它看上去是发光的。这一发明被华盛顿特区国家建筑博物馆展出，题为“液体石头：混凝土新建筑（2004—2006）”。

功能孔隙 是指我们可以接近一个地方或者调整与它的关系。与视觉孔隙相反——视觉孔隙允许我们看穿但却不能通过——功能孔隙运用在机场洗手间的入口，利用移动的墙体允许人们自由通过，但是视线却不通透，以便保护隐私。在城市尺度上，功能孔隙能够微妙地、有效地转变场所的品质。这一点通过“具有渗透性的建筑边界”与门廊、拱廊、窗户、户外座椅等相结合就能够实现。[5] 功能孔隙还可以改变一处空间的公共或私有属性。例如，莱克 / 弗拉托事务所通过插入一系列由格栅百叶墙围合而成的半私密空间，把位于得克萨斯州奥斯汀的一个 20 世纪 30 年代的汽车旅馆，巧妙地改造成为圣乔斯精品酒店（1997）（图 37、图 38）。

临时孔隙 是指暂时允许的进入。住宅参观以及艺术漫步就是临时孔隙的例子。住宅和工作室在特定时间内变成公共空间，其他时间则回归私有属性。与此相似的是在车库和院子里举行的临时售卖，也是暂时地模糊了通常意义上街道、人行道与私人住宅之间的边界。

当时孔隙 是指随着一天、一周或者一年的时间推移，场所用途发生改变时所出现的多孔性。例如停车场、广场、公园转变为农贸市场；临街店面转变为户外餐馆；以及白天是咖啡馆、零售店，晚上变身为演艺空间或者夜店的商铺。在纽约市的 SoHo，由雷姆·库

图 37 圣乔斯精品酒店，奥斯汀，莱克 / 弗拉托建筑师事务所设计

图 38　圣乔斯精品酒店，奥斯汀，莱克 / 弗拉托建筑师事务所设计

哈斯设计的普拉达店，则是既体现当时孔隙又体现视觉孔隙的例子。它的特色设计是一个波浪形的多功能展台。在白天，用波浪的一个坡面来展示鞋子和手袋；到了晚上，这个坡面则变成看台座席。而波浪的另一个坡面内含有一个小型的平台，拆下来就可以变成舞台。沿着展示台 / 剧场的一侧布置了铸铁圆柱，形成（兼具视觉及功能的）多孔墙面。[6]

历史孔隙　指在新建筑中保留往昔的残留。这方面一个堪称典范的实例是布琳・莫尔学院的里斯・卡彭特图书馆扩建。由建筑师亨利・迈尔伯格（2000）设计，通过室内 / 室外的多孔性来强化旧 / 新的多孔性。历史孔隙在由 HOK 和兰登・威尔逊事务所（1993）设计的凤凰城新市政厅中也有体现。在这个设计中，把毗邻的历史建筑奥菲厄姆剧院的一段外墙收纳进来，使其成为一面内墙。一般来说，大多数建筑和社区，在保护历史特色的同时，为适应变化的需求和品位而进行更新时，都会体现历史孔隙。

生态孔隙　是指把自然和自然进程融入建成环境。这方面的一种实现方式是，在建造时不改变现状自然，甚至能很好地融入自然。例如，在亚利桑那州的斯科特戴尔，住宅围绕现状巨石建造；在亚利桑那州的坦普，一家餐馆把户外酒吧围绕一棵现状树木布置……这些案例都体现了生态孔隙。在亚利桑那州的穴溪，由理查德与鲍尔事务所设计的沙漠金雀花图书馆设有一个室内 / 室外阅读区，其屋顶向沙漠中延伸 60 英尺（约 18 米），并且设有一系列卷曲的金属屏幕，其灵感源自附近河谷的形态（图 39、图 40）。通过室内的“家居景观”和室外景观，把自然积极地引入一个场所，也可以实现生态孔隙。植物叶子能够让阳光和空气透过，并且随着季节发生适宜的变化。有时候，这样做还涉及把自然带回到一个场所，或者叫作“生态修复”。许多人都在帮助“沙漠化”的土地恢复生物多样性[7]，

图 39　沙漠金雀花图书馆，穴溪，亚利桑那州。理查德与鲍尔设计。由理查德与鲍尔建筑设计事务所提供并许可

图 40　沙漠金雀花图书馆，穴溪，亚利桑那州。理查德与鲍尔设计（2005）由理查德与鲍尔建筑设计事务所提供并许可

包括景观建筑师弗雷德里克·斯坦纳、卡罗尔·富兰克林、莱斯莉·索尔，以及艺术家劳里·伦德奎斯特（图 41、图 42）、牛顿 · 哈里森和海伦 · 哈里森。

生态孔隙在考虑现状水系、空气和野生动物流线的适应性设计中会有明显体现。例如，不设路缘石，只有简单植草沟的非铺装道路，可以使地表径流经过滤后再进入土壤，使得雨雪更易吸收。这种做法要比设有路缘石和雨水沟的铺装街道便宜很多。[8] 透水铺装在

图 41　为森斯泰特建筑公司所设计的帕帕格·阿罗约野生动物廊道修复项目，由劳里·伦德奎斯特授权，公共开发中的坦佩市艺术城（AIPD）组织实施。由劳里·伦德奎斯特提供并许可

图 42　帕帕格·阿罗约野生动物廊道修复项目，劳里·伦德奎斯特设计。由劳里·伦德奎斯特提供并许可

实现自然渗透的同时，还可以给游客带来愉悦的感受。罗伯特·欧文设计的迪亚·比肯博物馆的地面就采用了透水铺装（图 43）。在城市中，透水铺装可以设置在建筑物之间的边界处，能够提升公共空间的品质，并带来长远的生态效益，同时，降低热岛效应，减少雨水径流。[9]

在设计中有效地考虑自然还能够减少空调和供热负担，减少空气中臭氧和二氧化硫等空气污染物。生态孔隙鼓励步行、社会互动、遮阳设计，倡导为各年龄层人群提供健康食物和休闲机会，并显著提高房地产价值。[10]

设计结合自然虽然并非是什么新概念，但是在 20 世纪的大多数时间里却是次要的。即使在当时，也有 50 年代中期的许多建筑师，强调应注重室内与室外的联系，例如奥尔多·凡·艾克（1959）、弗兰克·劳埃德·赖特和尼古拉斯·佩夫斯纳。巴克敏斯特·富勒提议使用智能薄膜，以使建筑能够随环境变化而变化；景观建筑师伊恩·麦克哈格在 1969 年提出倡议“设计结合自然”[11]，在业界产生很大影响力。随着时间的推移，在景观中体现

图43　迪亚·比肯博物馆的透水地面铺装，比肯，纽约州，罗伯特·欧文设计

生态孔隙的需求越来越强烈，而实施手段也越来越多。

交通孔隙　存在于那些没有明确界定是街道、步道还是停车场，用途根据需要随时变化的地方。比如在车与人和谐同处的“共享街道”（参见第四章“步行系统”节），以及整合了车空间和人空间的那种建筑类型，或称“车－筑”（参见第四章“车－筑”节），这种建筑类型不再把汽车放在独立的、次等的专用空间。其特点包括设置易于车行出入的停车场出入口，并且重要的是，令汽车成为建筑的一部分。按照这个趋势持续发展，考虑大型车辆通过和停车要求的新建筑类型正在生成，交通将成为设计源泉和动力，而非令人厌烦的程序性要求。

体验孔隙　允许我们探索和体验某个地方。获准进入可能需要通过一个邀请、一次选择或是偶然的机会。正如每个人都有他们自己的爱好，孩子们都有在自家街区发现犄角旮旯的诀窍，在那些地方，他们可以自由地找到特别的经历和自我的意义。

行政孔隙　发生在行政单位互相沟通合作以保护资源的情形中。为获得更高的效率和协同效应，这种合作正在不断增加，尤其当公众与“对公众开放的学校”分享媒体艺术表演场馆，图书馆与社区中心和休闲空间相结合时。史蒂文·宾格勒在密西西比州的蒂肖明戈县设计了一所高中，它联合三所以前的高中，配有健身房（在教学时间之外也作为社区的健身俱乐部）、同时对公众开放的图书馆、礼堂和其他房间（可以为公众社区聚会使用）。这所新高中不仅将先前孤立的人群建立起联系，而且也提高了学生的表现。在旧金山的菲力社区学校，有1000名小学生在这里上学，其中许多学生都是最近来自东南亚的移民。学校给学生的整个家庭提供各种服务，包括医疗和牙科诊疗，咨询服务，成人教育，儿童发展和家长资源中心，还有社区花园和社区厨房。[12] 通过连锁反应，在“对公众开放的学校”

带领下，它们周边的地区也开始引入联合使用规划。[13]

这样的“机会分享”在凤凰城大都市区不断涌现，很大程度上要归功于越来越一体化的政府部门。马利维尔社区集资建造了一个拥有图书馆和休闲区的社区中心，由古尔德·埃文斯事务所和温德尔·伯内特建筑工作室设计（2006）。在皮奥里亚市，一所于2004年建成的中学同时还兼任社区中心的角色。由DLR集团的布雷特·霍布扎所设计，这所中学设有一个户外阶梯教室和就餐区，在晚上，大人们可以在孩子们白天上课的教室里接受继续教育或其他政府赞助的活动项目。皮奥里亚市也与它的一个高中共用市公共图书馆，与学区合作建设市游泳池，并协调安排体育活动。附近的格伦代尔市与山脊高中共用一个公共图书馆，并且古德伊尔正在阿瓜·弗里亚高中建设另一个公共图书馆。在格伦代尔市的东南边，钱德勒高中也与社区共用一个大型剧院和画廊。

有史以来，光环下的高等教育“象牙塔”一直与大众疏远，现在也变得更加具有多孔性，强调技能学习、“社会镶嵌”、“响应博士”、“情景认知”（边学边做而不是学了再做），实习和学徒训练等等。哲学和文化评论家马克·泰勒主张“刺穿”大学的围墙，使外面的东西通过格栅透进来，使学校里面的东西通过格栅透出去。他说：“这些变化如同大潮一般正在来临，试图避开这种变化就像叫潮汐退回去一样。”[14]

空间孔隙，或者程序孔隙，发生在当活动彼此渗透的时候，比如像上一章中描述的很多混杂性的例子。每个程序都保持着自身的完整，既不是彼此孤立，也不是完全融合，这要归功于功能上和视觉上有效的渗透方式。尽管“折叠”这个概念通常运用于建筑形式（参见第8页），空间孔隙仍然可能被视作是“折叠”这个概念在程序设计方面的类似应用。

城市孔隙 是指在城市尺度上的空间孔隙，当建筑物通过可渗透的边界，与周边的物理环境和文化景观分离或融合时，就产生了城市孔隙。例如，在大街上散落的书店咖啡厅，可以提供一种与城市的联系，同时吸引潜在客户或顾客进来，城市孔隙因之产生。

城市孔隙的一个典型案例位于罗得岛州普罗文登斯市。20世纪80年代，建筑师威廉·沃纳在穿城而过的三条河流整治工程中贡献很大，他专门为此废止了一条公路。艺术家巴纳比·埃文斯在这里设计了水上篝火。他利用公路留下的12根柱子做承台，在河面上放置100盆篝火。一年当中的28个夜晚，这100个火盆会被点燃，景象令人叹为观止。埃文斯还在整个地区敷设广播，每天播放数小时精心策划的古典音乐和世界音乐。自1994年第一次上演水上篝火以来，已经有超过100万人沿着1000多米长的公共绿地漫步。岸边与河中的灯火交相辉映，不时可以看到黑衣志愿者驾着小船去照管火苗。人们在这里流连忘返，一边观赏水火相容的奇景，一边闻着香柏木的芬芳，听着松木燃烧时的噼啪声和音乐声。曾经是隔离城市（市中心核心区）和大学区（美国罗得岛设计学院和布朗大学）的天然屏障，这片河岸现在变成了令河两侧轻松沟通穿越的社交磁场（图44、图45）。

城市孔隙在办公场所也有体现。经过几十年的郊区外迁之后，许多公司选择重新搬回市中心，给员工提供更有活力的环境，从而提高士气和生产率。例如，微软公司搬离孤立

图 44　水上篝火全景，普罗文登斯，罗得岛州，巴纳比・埃文斯设计。由巴纳比・埃文斯提供并许可

图 45　正在燃烧的水上篝火，普罗文登斯，罗得德岛州，巴纳比•埃文斯设计。由巴纳比•埃文斯提供并许可

的企业园区，聘请设计师彼得・卡尔索普，在西雅图外的新城伊瑟克高地市中心，建造集办公、餐厅、健身俱乐部于一体的办公场所（2000）。

提供城市孔隙的建筑策略包括：室内与室外空间的渗透，以及建筑与城市景观的融合。成功案例比如建筑师扎哈・哈迪德在辛辛那提艺术中心的演绎。库哈斯在贝弗利山罗迪欧大道上的普拉达店（2004），则是设计一个完全可伸缩的立面，将城市孔隙推到了逻辑上的极致。在营业时，店内与店外之间的分隔只是一个悬挂在二楼的铝板装饰的盒子、调节空气质量的风幕系统，以及隐藏在地板中防止行窃的安全传感器。库哈斯解释说："我们希望取消立面，让公众完全自由地进入，创造一种介于公共空间和商业空间之间的混杂状态。"[15]

整合也在向纵深层面发展。比如，艺术和文化机构正在广泛地与当地社区开展互动，提供一系列节目和空间场所共享，以便赢得各种观众。20 世纪 70 年代，由罗杰斯与皮亚诺设计的巴黎蓬皮杜中心是这方面的先锋。它不仅综合画廊、图书馆、书店、礼品、礼堂、咖啡店，而且通过活跃的广场和大型喷泉，与其西部邻里保持紧密的联系，每天吸引街头表演者和观众前来。

更近期的一个例子是，当底特律交响乐团决定搬回曾经使用过的演艺厅时，董事会开始在演艺厅周边征地开发建设一座办公楼，使其获得丰厚的房租收入。后来，董事会把这块地捐给一所拥有 1200 名学生的美术、表演与传媒艺术学校，以便该校学生经常与交响乐团音乐家互动。这个活跃的创意中心还成功带动了演艺厅周边小商业的复兴。

在纽约林肯中心最近的改造项目中，迪勒・斯科菲迪 + 伦弗罗建筑事务所与 FX・福尔建筑师事务所，通过引入一系列透光膜，小心翼翼地改造皮特罗・贝卢斯基的粗野主义建筑（1968）。位于朱莉亚德首层的不透明墙体被改成透明外立面和有动画展示的（LED）屏幕。用一个玻璃盒子包围的舞蹈工作室在街角处下沉处理，使得行人能够看到舞者，同时舞者也能瞥到街景。街道和上升广场之间新设一个宽阔的双侧楼梯 / 大台阶，人们可以坐在这个“露天看台”驻足休憩，形成街道与上方广场之间的过渡。

圣地亚哥・卡拉特拉瓦在扩建密尔沃基艺术博物馆时，针对公路的阻隔，重新构建了博物馆与城市之间的连接步道，并且采用透明的中庭，加强与城市街道和密歇根湖的视觉联系。

此外，现在很流行在进入城市或地区时建造“门户”，也显示出城市孔隙的魅力。这些门户在邀请我们进入一个城市的同时，提醒我们注意其边界和与周边地区的联系。

象征孔隙 指建立一种可进入 / 渗透的象征性的边界，即使可能根本就没有屏障或者有一堵真实的墙。[16] 比如，在独栋住宅周围，即使住户的草坪四周没有墙或者栅栏，我们仍会感觉到有一个私有财产的边界，不能擅自进入。随着新兴通信技术的发展，穿透实际的墙壁变得越来越容易。建筑姿态可能只表示一种纯粹象征性的联系。例如，由安托尼・普雷多克设计的 ASU 美术博物馆，通过模拟台地，来表示建筑和景观之间以及大地和天空之间的联系。

商业孔隙 指把商贸和商业实践融入新的经济和消费需求中。为了融入城市，城市的仓储式零售店会考虑植入老建筑中（例如，曼哈顿的家得宝超市），或搬入与城区融合的新建筑（如在芝加哥和明尼阿波利斯的目标超市）（图 46、图 47）。

其他类型的孔隙还包括*虚拟孔隙*，即通过在线交流的虚拟访问，和*紧急孔隙*，即逃生通道，如安全出口、直升机升降台、报警系统。

范例

建筑师槇文彦的作品很好地展示了孔隙。他的大多数设计都突出体现室内和室外空间的对话（至少在视觉上）。例如，他的泰皮亚科学展览馆（1989），给展厅和咖啡厅留出面向中庭花园的开阔视野。在东京的山边台地公寓（1966—1991），槇文彦采用一种用透明层次来划分空间的策略，在私密的庭院与繁忙的街道之间的空间阈界处，通过设计蜿蜒曲折的走廊、和一处树木繁盛的内景来进行联系。

图 46　目标超市，奥尔巴尼，RSP 设计。由 RSP 提供并许可

图 47　目标超市，明尼阿波利斯，RSP 设计。由 RSP 提供并许可

若论当前最突出的孔隙实践者，恐怕当属利兹·迪勒、里卡多·斯科菲迪以及合伙人查尔斯·伦弗罗的事务所（始于 2004 年）。除了林肯中心的扩建以及上文提到过的高线公园以外，他们的一些更具实验性的项目已经将孔隙的应用带到新的水平。例如，在纽约西格拉姆大厦的啤酒屋，利用摄影机捕捉进店顾客的影像，并投射到酒吧的屏幕上方，以此激发视觉孔隙。又如，新媒体学院（2002 年艾比姆竞赛的获胜作品），这座 12 层的建筑物在楼层的划分处采用连续的玻璃纤维混凝土所构成的丝带，在丝带中含有电缆、光纤以及各类高科技管道。结构方面设有横向桁架系统以实现无柱空间，弱化公共和私人空间界线，"液晶玻璃墙可以在半透明和透明之间自由切换，游客和居民可以相互'窥视'。"[17]

在瑞士纳沙泰尔湖上，迪勒 + 斯科菲迪为 2002 年全国博览会所设计的模糊建筑，是一个 300 英尺（约 91.5 米）宽的网架，设有喷雾器不停地工作，在湖面上方 75 英尺（约 23 米）处，形成宛若飘浮的云彩一般的效果。建筑师把它定义为"无形的建筑"，它的实体似乎是消融的，在物质和精神之间、内部和外部之间、主体和背景之间模糊了边界。在夜晚，模糊建筑变身成为投影屏幕。为了与这个场所充分互动，当人们穿上一种叫"头脑外衣"的塑料雨衣时，雨衣可以根据每个穿衣人的问卷调查情况进行编程分析。如果你遇到某个和你"匹配"的人，那么衣服会变成红色或粉红色。如果不匹配，衣服会变成绿色。模糊建筑里还有一个水上酒吧（鸡尾酒吧）（图 48、图 49）。

与库哈斯 /OMA 一起，迪勒、斯科菲迪 + 伦弗罗事务所编制了 BAM 文化区的总体规划。这个规划中包含一系列项目，比如吸引路人的"城市海滩"，还有意在连接周边环境的街道景观，以及一处"垂直花园"。这个规划强调把室内的演出活动带到室外，使街区"文化适应"，并且分期发展。

在所有这些关于孔隙的实例里面，隐藏与显现的组合使得城市变得可接近，有趣，并且生动。哲学家及文学家沃尔特·本雅明认为，意大利那不勒斯市的"有机性"特质（于 1924 年）归功于其孔隙，包括新的与旧的，持久的和短暂的，公共的与私人的，神圣

图 48　模糊建筑，迪勒 + 斯科菲迪设计。由迪勒 + 斯科菲迪提供并许可

图 49　模糊建筑，迪勒 + 斯科菲迪设计。由迪勒 + 斯科菲迪提供并许可

的与世俗的，内部的与外部的，隐匿的与显像的等多种孔隙。在推崇孔隙的今天，整体城市主义绝不置身事外。

迷人的边界

现代主义追求通透，体现在宽阔的结构、自由的城市规划以及追求开放社会的理想；而后现代主义则反叛地追求不透明，"堡垒化"。现代主义手法导致过度暴露、同质性、缺乏辨识度；而后现代主义手段则伴随着极端愤世嫉俗、恐惧和焦虑感的日益增长，以及社区意识的逐渐沦丧。

与现代主义试图消除边界和后现代倾向强化边界不同，半透明城市主义不是去消除或强化边界，而是去参与并加强整合区域的同时不抹杀它们的区别。它保留了多样性。实际上，通过之前提到的各种渗透边界来把各种（人们和活动）多样性聚到一起，它强化了多样性。

自然系统必须开放以接收太阳能和繁荣生长，但也需要边界来加速系统内的运动或流动。[18] 处于物种界限边缘的植物和野生动物通常是最强大的，最能经受多样性和变化的考验。因此，那些在边缘的物种更具适应性，甚至在位于区域中心的物种不能挺过去的恶劣情形下，仍然能够存活下来。这一景观生态学原则让人回想起雅克·德里达的言论"当处在群体中心时，事物其实不能体现最真实的样子；在群体边缘时、靠近不同的其他群体的边界，事物才展示出最本质的东西——精髓在边界。”[19] 边缘处就是适应和变化发生之地。

像那些更大的生物系统一样，半透明城市主义通过允许一些东西进入，而一些东西不能进入来实现孔隙度。在城市层面，渗透膜的各层级形成了城市阈界，就像生态系统之间交接的生态阈界，例如沙漠中的浅水湾、入海河口。百分之九十的生物住在生态阈界，因为在那里能找到食物。人群同样受到城市阈界的吸引，因为那里有活力，不可预知，最根本的一点是可持续。

阈界——生态的或城市的——天生是多样的、有活力的、自我调节的。城市设计和城市发展的挑战是在不丢掉每个局部的个性同时使各部分联系整合，实现叠加基础上的系统优化效应——所谓“整体大于局部之和”。要解答的是允许什么、不允许什么；隐藏什么、显示什么。答案在于半透明。

从客体到环境（关系）

任何事情都不是孤立的存在，而是处于关系网中，无论是建筑、城市还是人。大概只有在数学里事物才可以独立存在。[20] 然而，20 世纪的很多努力都花在实现独立这种理想化的愿景上。[21] 西方提出的“自主自我”、“自由意志”，反映在心理学上并进一步强化的“自我边界”概念，已经麻木了我们对其他人和自然的同理心。[22] 为了扳正这种由自我认识造成的异化现象，最近，身份认知开始强调自我、他人、自然之间的渗透边界。

文化人类学在过去几十年里也经历了类似的转变，从早期把文化看作如铁板一块像机器般运作，发展到现在认为文化是错综复杂的有机体。现代的观点已经促成了关于“多重主观性”，“文化混合”，“文化杂交”、“边界文化”、“边界问题”、“边界城市”、“第三空间”、“第三位置”和“多地人种学”等研究。[23] 在人类学和文化研究中，（地理上的和意识上的）边界已经成为一个人群可以不断地定义自身身份的地方，一个有新机会，但同时可能被动摇的环境。安娜·洛温豪普特·清在报告中谈到，她在印度尼西亚的莫拉图斯山脉做研究时，萨满教僧人教她说，生存是“在边缘中创新地活着”。[24] 米歇尔·赛里斯将“受教育的第三方”（le tiers-instruit）描述为常在不同领域间形成、游离但不破坏现存边界的游牧存在。[25] 雷纳托·罗萨尔多谈论到，“跨界”是“创意文化生产地”，是相互联系发生的地方。[26] 贝尔·胡克斯在她的文章“选择边缘”中写道：

> 这是一种游说。这是来自边缘的信息，那里是一个充满创新和力量的地方，是我们找回自我的包容之地，是我们团结一致消除种族殖民的地方。边缘是抵抗之地。到边缘去。让我们在那相聚。到边缘去，我们欢迎你加入自由之列。[27]

城市设计理念的发展同文化和社会认知[28] 的发展几乎同步。肯尼思·弗兰姆普敦描述“边界特征”“在文化裂缝中零星地繁荣”，提供了“自由的间隙”。[29] 弗兰姆普敦强调：“在政权遗留的缝隙之地，伦理要求我们去创新地捋顺城市肌理，把那些大都市新陈代谢的缝隙所产生的地形碎片连缀起来。”[30] 认识到生物活跃性发生在不同自然区域交汇之处，社会学家理查德·森尼特指出：“类似地，城市设计也主要关注生活场景的交界处。”[31] 从中心到边缘的焦点转变还与公共集权瓦解、个人主义兴起、信仰的弱化等有关。伴随这种转变的还有天文学和物理学理论，对中心、秩序、混乱提出了新的解读和认识。[32]

从某些方面讲，盖利斯·德勒兹和费利兹·瓜塔里的理论可能是整体城市主义在社会理论上的对照。结构主义认为人们的思维或是二元对立非此即彼模式，叙述主义认为人们的思维方式是情景故事性的模式，而德勒兹和瓜塔里提出了非辩证（非黑格尔学派）模式，即承认差异而不去归类或统一整合。他们描述了一个流动的世界。万事万物都在流动，水、空气、电、人、思想、文化、言语、产品、自然资源等等都在流动转化。这些转化只有在阈界才能被区分识别。没有束缚的自由流动就像“没有器官的身体”。 德勒兹和瓜塔里将欲望看作所有过往的动因，并提议通过精神分裂分析开展欲望（创造力）流动研究。[33]

根据这个逻辑，现代社会通过分类、编码管理欲望。[34] 因而需要解码和打破身份地位阶级固化下的框架限制，实现畅通的“去分类过程”。打破二元论可以带来激变、神秘、“抵抗”、“激进政治”、“政治欲望”，与压制阶级决裂并解放差异、抗衡整体意识、社会规则和国家控制。“根茎学”分析研究社会流动以及识别社会转变突破口（逃脱路径），类似根茎分子脱离分子茎线的路径，如罪犯逃出法律系统或者女人逃出父权体制的路径。它是一种“盲流式的”思维方式[在法语中，“盲流式的”（nomades）这个词常指不停地拒绝定居的吉普赛人]。从社会意义和政治意义上讲，这会形成不分等级的网络，在不横截或同化的情况下串联起微小斗争。

在过去几十年里，科学、管理和其他的世界观领域里也经历了类似的转变。正如查伦·斯普雷纳克所解释的：

> 正如近代科学家不重视甚至忽视公认模型之外的反例情况；近代经济学家也对整体中“零碎的”不规范的经济增长效应视而不见；现代政治忽视当地人民自主——显然被挡在公认权利模型之外的领域；现代理性否认甚至忌讳任何有关灵性的解读……然而，混沌理论科学家开始努力将所有他们测量观察到的现象体现到结论中；生态经济学家开始分析生产的总成本，包括最基本“要素”的消耗——生物圈；后现代主义国际秩序积极分子开始捍卫对保护世界文明弥足珍贵的文化多样性；不再严格信奉和局限于现代理性的人们开始允许自己去体会超越一切的“神性”或“灵性”。[35]

对于创造和创新，心理学家霍华德·加德纳认为：

> 就创新动机而言，关键在于某些反常事情的发生而使得你不能不重视它——发生在生活中也好，在工作中也好。最容易的做法是在反常的事情发生后忽视它。

> 如果我是个科学家，我的实验没能做出来，最容易的事情就是假设我操作失误而不对这个反常结果展开兴趣研究。而创新的根源往往在于认真地发现和研究一些其他人都没有注意，以及所有人都可能忽略的问题。你需要有很大的勇气去做这件事，因为其他人都不能给你积极的鼓励。[36]

在描述这种从强调部分向强调整体的转换趋势时，阿瑟·埃里克森指出，“科学家在通过不断轰击物质粒子以求达到质子的实验过程中发现，如爱因斯坦所推断的，作用关系才是唯一的真理。”[37] 事实上，爱因斯坦曾谈到，我们是独立实体这一观念是“对我们意识存在的视觉幻觉”。[38]

曼纽尔·德兰达谈到，对历史时间的理解从线性方式转变为周期观点，对世界的理解从等级方式转变为网络观点。19 世纪达尔文的“进化选择导致最佳存在”（线性因果关系）和热力学的热平衡定律受到了伊利亚·普里戈根的严重挑战。伊利亚在 20 世纪 60 年代证明，只要有一种强烈的能量流流经整个系统和组件间的交互机制，就会在稳定状态（分支）和（由反馈带来的）非线性之间经历转变。因此，不存在“最佳存在”和“热平衡状态”。相反的，系统会经常变化，并具有多重共存形式（静电的、周期性的、特殊引力）。[39]

除了等级结构，还有可自我调节的、变化多样的网状结构。网状结构中也可以包括等级结构，等级结构中也可以出现网状结构。“生成”[40] 这个现象词语所描述的是一种过程，即，系统通过这个过程由简单组件构建出更高的智能。系统通过自我调节反馈机制进行自我组织。不需要中枢控制，胚胎和脑细胞可以自行形成，蚂蚁建立军团，人们创造社区，简单的计算机识别硬件可以基于我们过去的选择推测我们的需求。

有趣的是，自我调节在反馈中改变不是什么新的理念，只是在最近才获得广泛接受，这要归功于计算机技术图像化的演示和上文提到的各领域认知的转变。在计算机的辅助下，我们现在能够描绘碎形（不规则几何形状）、波、褶皱、波动、盘旋、空间扭曲等等，提供一种超理性的方法来描绘一种“更高的境界”，而这早已被整合进各种不同的世界观中，包括佛教、道教、浪漫主义，以及由阿尔伯特·爱因斯坦 [量子力学（1905）]，阿瑟·凯斯特勒（子整体系统），阿尔弗莱德·诺斯·怀特海等人提出的宇宙论。

城市设计遭遇的危机与科学家们一直试图解决的难题一样，一方面设计师共同努力去调解变化和多样性，另一方面，要加入秩序感和可预见性。在建筑设计和城市规划中，这场较量包括批判性地域主义、适当现代性、生态和可持续设计。[41] 这种转变以各种形式广泛存在。[42]

如上所述，在建筑和城市规划中同时经历着从早期强调客体和功能分区到现在注重环境和混杂的转变。总之，20 世纪早期的精粹主义和纯粹派正在被多样性、复杂性、多孔性和不可预测性潮流所取代。

随着全球化的飞速发展，我们许多对世界的习惯分类已不再能满足需求了。其中之一是区分中心和边缘。传统中心区已经瓦解消失，不再是活动和创新的中心。多中心或缺少中心是现代景观的特征。活动和创新已经转移到城市郊区农村的边界；转移到种族、社会阶层或地域边缘；存在于不同功能之间；学科和专业交叉领域；设计师和委托人的交锋之间。

在环境设计领域中，当前的转变肯定要和长期以来的客体研究、行业武断的例行做法、课程设置等展开斗争。正如现代城市为追求机械效率所做的功能分区，20 世纪的近代实践一再地细分再细分：建筑学、城市规划、景观建筑学、室内设计、工业设计、平面设计等等，它们有自己的分工领域、专业化组织、期刊和学术部门。相互间的生产合作变得十分罕见，宝贵才华和精力可悲地浪费在领域冲突上，造成了当前建成环境的糟糕状况和设计行业危机。[43]

我们当前的任务是要修复在已破碎的学科、专业和城市肌理间的断层。整体城市主义将人与自然、建筑与景观、建筑学与景观建筑学看作是互补的、相通的，而不是对立的。整体城市主义的目标是建立各种联系，而不是建造完美的物体或孤立的功能项目。因此重点从中心转移至边界、边缘、周围、空隙、中间区，强调从关注客体转向关注关系。

在近期致《纽约时报》的一封信中，公共空间项目组描述了由项目向场所的这一转变：

> 20 世纪的观点认为，建筑师的作品是孤立的美学方面的成功（甚至是物体崇拜）。21 世纪的观点发生了转变，变得更加包容。设计师被视作是，为了创造生动鲜活的社区而进行的活跃、凌乱、兴奋的过程的一部分……这个转变是一种进步，由项目向场所的转变对行业具有深远的影响……概念、决策甚至灵感将来自更广泛的源泉，包括居住、工作以及来观光的人们。多种需求要求多种学科的加入和共同参与。建筑师、景观设计师、交通工程师、社区发展倡导者、经济发展管理部门等等，都一起参与、争论如何充分利用空间，塑造人们想要的样子。这是不同的，前所未有的，对某些人来说是可怕的。[44]

与现代主义试图消除界限、后现代主义倾向忽视或加强界限不同，整体城市主义寻求建立多孔膜或者边界。允许（人群、功能等等）多样性发展，整合或更新时不抹杀差异，事实上，保存和发扬差异。整体城市主义及其景观设计反映了人类的两个互补性诉求，融合（连接）和分离（区分，个体化），其合力是持续存在的矛盾与活力。这让人联想到马丁·海德格尔的论断，"边界不是事物停止的地方，而是如同希腊人所认识到的那样，边界是事物*由此开始形成和发展*的所在。这也是为什么这个概念在希腊语中是"horismos"，为'地平线'，'边界'之意。"[45]

这场对于现代主义的反击开始于半个世纪前的英国城市市容运动，它批评现代主义者把城市当作"雕塑花园"[46] 的倾向，强调景观里所有元素之间"关系的艺术"[47]。参与反击的还有第十小组展示的"战后人道主义起义"[48]。荷兰建筑师雅各布·贝克马认为"现代建筑师一定要能够与人交流……美要在人类关系上开放胸怀。"[49] 谢德拉克·伍兹强调"人的联系”的重要性。艾莉森和彼得·史密森主张设计“能够激发人与人关系发展的居住形式”，并建立起一套清单，列出不同类型的空间之间的关系。[50]

尽管出现了对现代主义持续的批判，但大部分来自现代主义范式内部的声音，缺乏洞察力与力量，因而不能提出有效的替代方案。[51] 比如，不是简单地建立关系，而是倒向了环境决定论和社会工程学。在过去的十年里，观念的转变为批判性实践铺平了一条更加稳固、更通畅的道路。[52]

对于信息传递来讲，联系和边界可以理解为信息网络或多孔薄膜。这种对边界的解读认为*身份与关系是相关的*，不管它是指个人身份还是街区、地域、生态区的身份。正如安杰利和克林曼所说，“混杂形态学……产生于差异的，甚至矛盾的要素所组成的关系系统，它不再是绝对的结构，而是参照其他结构的相对系统，”在过程中可以“不断地重新协定”。[53]

建筑师和景观设计师琳达·波拉克认为，边界是“交流的空间而不是生硬的分界”，这一点在她与桑德罗·马尔皮莱罗共同设计的纽约彼得罗西诺公园（1996）中就有体现。为了既与周边城区互动，又能相对独立，马尔皮莱罗和波拉克提出了能够协调多尺度（当地、大都市区、区域、生态系统、虚拟世界）和“激活边缘区”的“新型公共空间”。为了实现这一目标，这个项目连接了“多重基础设施的关系”——自然层、交通设施、虚拟层——使得建成环境“理论上在无限数量的尺度”上运营[54]（图 50）。

波拉克和安尼塔·贝里泽贝蒂一起，赋予“基础设施”一词新的定义。不是仅仅指（道路、管线、电气等）技术工程，他们把基础设施看作一种过程（或策略）。这种动词化的基础设施能够连接起各种活动和场所。它充当催化剂，提供机会建立新连接。这些连接通常通过嫁接发生。嫁接后虽然仍有明显接缝，但每一部分都获得了主体结构的一些特点，从而形成杂交。杂交可以是线性的混合，如沿公园和公路；可以是形式结合功能的、人工结合自然的。在建筑和城市规划中，这种联结通常诉诸对现有的地平高程进行起伏的微观设计和调节。嫁接、接缝和细节都要认真处理。[55]

图 50　彼得罗西诺公园模型，波拉克与马尔皮莱罗设计。由波拉克与马尔皮莱罗提供并许可

斯坦·艾伦指出，“基础设施的作用与其说是在给定场地上建设房建，不如说是建设场地本身。基础设施为未来的建筑准备场地，为未来的活动创造条件。”[56]艾伦认为：

> 基础设施工作体现出城市的集体性质，允许多方建设者参与。基础设施能引导城市中的未来项目，这种引导不是靠建立规则（自上而下式管理），而是通过定点的服务、通道、结构（自下而上式机制）实现的。基础设施提供了一个具有指导性的场地，不同的建筑师和设计师都可以在这儿做文章，但它给设计者们附加了技术上和工具上的限制。基础设施本身是战略性布置，也需要策略性的完善……基础设施是灵活的、能提前预判的，随时间更新和变化……它不是向着某一既定的情形发展（如总体规划的策略），而是在不十分严格的限制中不断发展。[57]

景观生态学为这种途径提供了灵感基础，通常被描述为“景观城市主义”。[58]景观生态学[59]的传统是把人和所有我们在自然系统内建造的东西都合并在一起。景观生态学家理查德·T·T·福曼[60]将生态学定义为多重反馈循环中的资源、物种、气候的复杂综合体。而“景观城市主义”，按照詹姆斯·科纳的解释，就是“一种态度，它把城市视为景观，也把景观视为城市。”[61]

在不同时期和世界各地都有“万物普遍联系，万事皆有因果”的说法。日本佛教的中心教义是天人合一。艺术家乔治斯·布拉克斯对这种感性解读为，“回声响应回声，万物都会回响。”1963年，马丁·路德·金在“伯明翰监狱的来信”中写道，“我们都在一个逃不开的关系之网中，我们穿着同一件尊严之袍。所有生命都是息息相关。”德里达一直认为“世界是由痕迹所编织而成，只有当彼此相关和联系时，这些痕迹才以‘事物’的形式独立存在……没有什么实体能与其所处之关系网完全不发生关系而保持独立。”[62]从关系、联系和环境出发的思维方式也可被称为系统思维。[63]

没有事情能孤立存在，只有在关系中存在。正如乔奇·路易斯·博格斯那精彩的阐述，“苹果的味道……在于水果与上腭的接触，而不在于水果本身；同样地（我想说），诗意在于读者和诗的交流，不在于书页上的印刷符号。”[64]实际上，诗歌本身就是以新的方式表达共同的思想，引起同感。社会变革也是发端于社会同感，正如马尔科姆·格拉德韦尔在《卸载点》一书中写道：社会变革主要不是权力和金钱的结果，而是影响力的结果。它与关系有关。

某种颜色在不同的颜色旁边时，它看起来都会不一样。[65]人、活动、形式也会因与其关联事物的不同而不同。整体城市主义的目标是让这些关系在城市和社会结构中得以发展和繁荣，不像现代主义那样提取和分离生活的各种功能，而是要把特征的映射都恰当地留住。

其中最重要的是边缘或边界，不管是物理位置也好，还是决定人们关系的共同思想和行为也好。整体城市主义关注这些关系。尽管公共空间和私人空间的界限一直在变化，但它从未消失。现在的问题是要设置在哪里、怎么去设置。要建立连接而不是减损个性，要在联系的同时更加彰显个性。

整体城市主义把边界视为检验者、身份构建者和阈界。没有这些将没有一切。大家都知道，孩子需要边界来保障安全；青少年需要边界来发起叛逆，成年人也需要边界。边界对文化、社区和创新是必不可少的。哲学家卡斯顿·哈里斯说，我们需要边界来使自己处于中心，对抗“对宇宙的恐惧”，他认为这要归因于哥白尼的日心说把“宇宙中心的地球……变成了一个移动的家园。”[66]我们对无穷的空间以及不在其中心的恐惧反映出我们对哥白尼日心说的抵抗。我们仍然在说太阳升起和落下，其实太阳没动而是地球在绕着太阳转。我们一直是以自我为中心，以地球为中心。

信任是人际关系和社会群体的核心。在20世纪下半叶，由于来自社区的瓦解所造成的信任缺失引发了空虚和恐惧。[67]整体城市主义通过重建社区归属感和适合21世纪的高品质公共空间来填补这种空虚。做法包括培养城市功能区之间的关系，以及与人的互助支撑关系。这样一来，关系和社区所依赖的信任也随之产生。

从对立到协同（互补）

重新认识城市设计需要我们从二元对立观念转变为互补观念。互补观念认为，如安藤忠雄所说的：没有黑暗，光明就无从谈起；没有寂静，就没有声音和音乐；没有空就没有满；没有快就不存在慢；没有他人就不存在自己，没有悲伤就没有欣喜，没有呼气就没有吸气，没有播种就没有收获，没有疼痛和煎熬就没有快乐，没有绝望就没有希望，没有脆弱就没有强壮，没有困难就没有简单，没有疾病就没有健康，没有毁灭就没有创造，没有死亡就没有生命，没有无就没有有。

互补原理区别于现代主义的二元逻辑，因为它不认为成对的东西是对立的，也不试图去合并或者区分。它把两者看作不仅可以共存，而且彼此成全。普罗米修斯的惩罚（每天白天秃鹰来吃掉他的肝脏，晚上又再次愈合）告诉我们夜晚的存在使其变得完整，即使白天还会再次受到伤害。正是由于亚当和夏娃从伊甸园被放逐，才有了农耕和人类繁衍，更不用说建造和穿衣。巴别塔失败了，才有了犹太人的解散和文化多样性。尽管这些冒险可能带来了受难，但这些英雄壮举也带来了创造和创新的可能。

从二元逻辑到互补逻辑的转变在城市观中有诸多体现。拉斯·勒普在《城市之后》中针对二元逻辑提出了“三元思维”：使建筑与城市、城市与郊区竞争。[68]查尔斯·兰德里在《创意城市》里强调克服“二元对立的思维习惯是创新思维的重要性”，他建议我们“以综合的方式解决城市问题。”兰德里注意到：“当城市建设主体思维开阔、目标集中、横向思考、结合实际与理论，那么城市创造性就会蓬勃发展。这些要求可能个人不完全具备，但是可以通过团队实现。”[69]

干预的目标不是解决冲突，也不是建造清晰明了的景观风貌，而是要实现一个紧张而热闹的场所。不是要建造一个完全流动或平稳前进的城市。正如互补原理一样，没有后退就没有前进。对设计师来说，这可能不言而喻，就像伊萨多拉·邓肯答记者问一样："如果我能告诉你它意味着什么，我就不必跳舞来表达了。"再次回到了功能决定形式，但功能被定义得更加全面，涵盖了情绪的、象征的、精神上的功能。[70] 场所设计不单单要满足基本需求，还要有趣、令人愉悦、惊奇、引发思考甚至净化灵魂。

整体城市主义要求用主观的、反馈式的、定性的、直觉性的认知方式来补充现代主义所强调的客观的、自主式的、定量的、理性的认知方式。干涉手段由人设计、为人而设计，它必然反映客观环境和主观社会、历史和虚拟环境。相应地，它们可能不按老套的形式表达。例如，丹·霍夫曼为凤凰城的冷却连接器所作的抽象图，可见这些干预手段所带来的潜在的体验（图 51）。刘易斯·鹤卷·刘易斯事务所的手绘 + 计算机杂交设计表达"提供了传统绘制手法不能达到的多重的、同步的解读"。[71]

从机器模型和乌托邦模型到生态模型的转变（参见第 6—7 页）显示出认知范式的转变。与追求控制和完美的早期模型不同，当下的模型注重连接、动态和互补性。

在心理学中，卡尔·琼格用"综合性格"描述一个人个性中阳光与灰暗部分的构成。"综合性格"承认并接受心理中的阴影，在受压抑时可能迂回地表达为投射思维或者自残等。城市也一样。不同于现代主义追求完美，整体城市主义接受异常和不完美；不同于现代主义和后现代主义惧怕变化进而掌控和逃避变化，整体城市主义拥抱变化；不是忽视或抛弃"间隙"和边缘空间，整体城市主义关注边界，不论是在具体的还是抽象的边界。

可能这个原则可以这样理解：就像给身体注射疫苗可以保护我们免受病毒感染；就像经历紧张才能达到放松；就像吟唱布鲁斯来战胜忧伤。就像"综合性格"一样，整体城市主义承认并且接受城市阴影。

图 51　冷却连接器，丹·霍夫曼设计。由丹·霍夫曼提供并许可

讽刺是情感减弱的反应，是超脱和疏离的表现；是家的对立面。——赫布·奇尔德雷斯

无论是谁试图从抽象的角度来解决空间之谜，都会建构出空虚的轮廓，并称之为空间…… 任何试图以抽象的方式与人会面的，都会用这种回声说话，称之为对话。

——奥尔多·凡·艾克

讽刺和愤世嫉俗这种我们这个时代的症状会令我有罪恶感。你不能真的责怪任何人，就像在每一个电视商业节目中，讽刺和愤世嫉俗都会冲击每个人的头脑，就好像我们都是这个大笑话的内部人士一样。但是并不仅仅是开玩笑。

——贝克

第六章 真实性

全神贯注将是未来的春药。——琳达·斯通

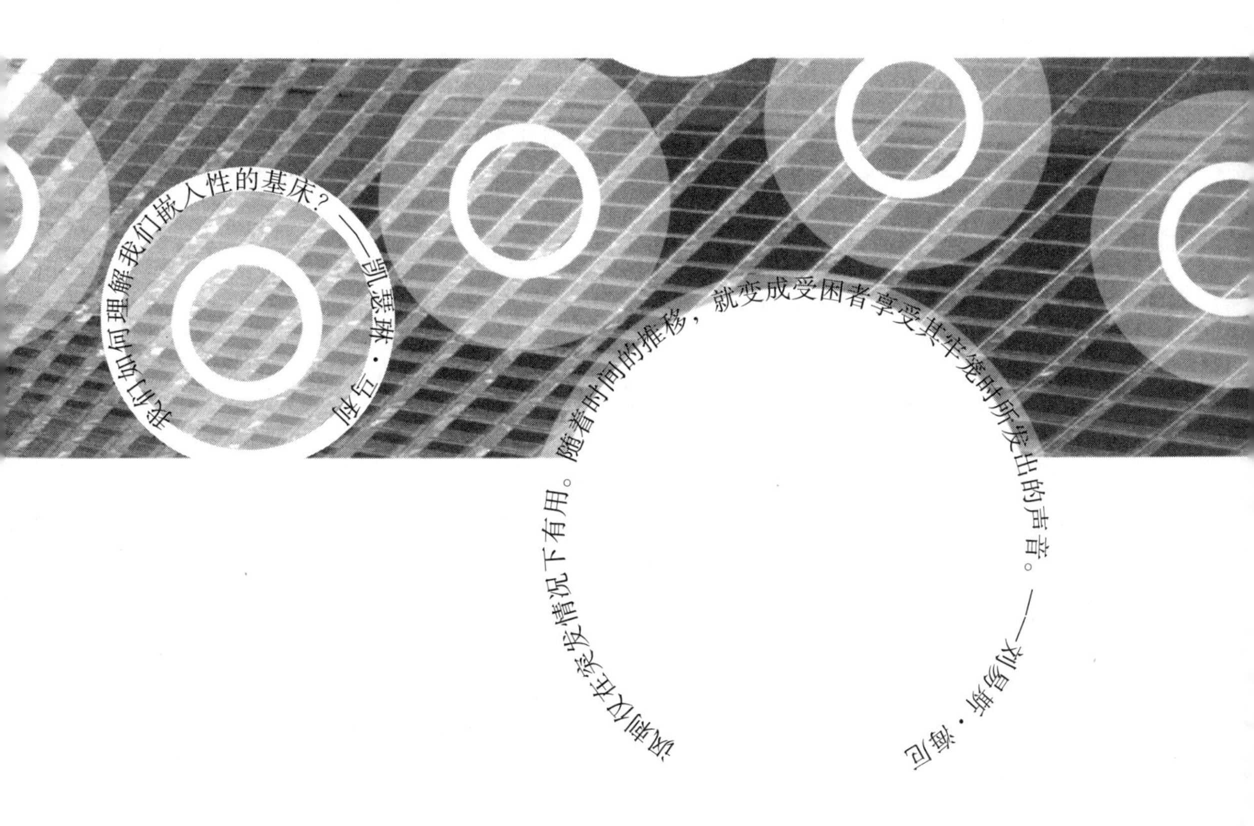

我们如何理解我们嵌入人性的基床？——凯瑟琳·马利

讽刺仅在突发情况下有用。随着时间的推移，就变成受困者享受其牢笼时所发出的声音。——刘易斯·海司

第六章　真实性

漠然的国际性

德国哲学家乔治·西美尔 1903 年写了一篇关于城市生活的文章，认为城市生活的过度刺激导致人们有漠然的态度。法语“blasé”的意思是“对某人所承受的伤害表现的无所谓、不在乎。”随着 20 世纪城市化进程飞速推进，漠然的态度越来越明显。此外，快速的全球化使得“全球人”迅速增长，这类人觉得到处都是家，但又到哪都没有家的感觉。

二者叠加时，我们得到了“漠然的国际性”（blasé cosmopolitan）：这类人处处是家，但又处处无家；相信一切，又怀疑一切；冷静客观，但不善于参与；由于过度刺激反而过度漠然；这类人大部分时间很麻木，不想或者不习惯深入思考。[1]

当然，我们的许多建筑也可认为是“漠然的国际性”。20 世纪以前的城镇充满活力与意义，神圣而富有特色；当代城镇充斥着无处不在的立交高架、快餐店、商场、影城、郊区成片住宅、仓储式零售超市、加油站、国际酒店、办公楼等等。这些景观在全球都没有区别，无论是在伦敦、多伦多，或者芝加哥还是新加坡。今天最常描述地方的词汇反映了某种缺失：遗弃的、没人住的、通用的、无名的。这种地方特征的缺失带来空虚、焦虑和不安全感。

过去几十年里，我们已经进行了大量的努力，试图重拾地方特色，赋予其兴趣、意义、安全感以及社区归属感等。遗憾的是，许多这方面的努力仅仅使得问题更加复杂。[2]

形式追随虚构、技巧、经济和恐惧

西方世界针对快速变化和全球化的一种普遍反应是抵制：对过去的明确的边界区分的向往与复兴。20 世纪 70 年代和 80 年代，这种反应在重建和维护文化区别的愿望中表现得非常明显。这种反应还表现在通过家族寻“根”，对传统价值观和制度的回归的呼唤，复兴旧的习惯，甚至虚构“新”的传统。

在建筑和城市规划领域，怀旧情绪体现在对过去城市的不断提及。对过去清晰边界的威胁激起了一系列焦虑的行动，创造了一些看起来像随意建造的毫无规划的场所。此外，还有一种趋向是给建筑立面戴上面具，逃往奇幻世界，表现在 20 世纪 80 年代以来的主题公园以及休闲娱乐巨型设施的建设。笔者把这种将其他地点、其他年代的形式拖放到现代的做法称为“形式追随虚构”。[3]

另一种应对变化和不确定性的防卫形式是讽刺。不仅没有思想进步和道德立场，而且缺乏共识和真诚。极端相对论横行，认为所有选择好坏都一样，都无真理可言。“犬儒式反应”承认只是从已经做过的事情中随意选择，从语调、眼神、假心假意就能看出来。表面重于实质，名人效应取代了英雄主义，媚俗作态代替了真情流露。

但讽刺也是一种逃避，是一种躲避改善世界责任的表现。讽刺丢掉了所有深沉的责任、信念与热情。过于世故，以至于不会大声笑出来，也不会发现什么真正的乐趣。这容易导致自满和冷漠，只剩下针对彼此的图像、文字、设计和对话。讽刺的态度是，“我做任何事情都不会起作用。我们只能生活在虚构中。我们可以忙着吃饭和娱乐，管他什么环境、别人还是自己”。这种事不关己立场下的空虚占据了自私自利的市场以及部分设计师。

不坚定立场、奋发努力而去取悦自己和惊艳同事的建筑师，笔者把他们定义为“形式追随技巧”[4]。这类建筑师追求“明星建筑”，被建筑媒体报道，强调形式主义和自我满足。对炫技型设计师来说，建筑主要成了个人作品而非社会艺术，这导致弗雷德·肯特所说的当代快速城市的“危机”。他观察到巴黎的一些新公园：

> ……这些公园的设计更像是某种物体或符号，而与公共使用无关。公园沦为堆砌设计作品的游戏，而谈不上实用。（同样的，）伦敦和巴塞罗那也热衷于邀请知名设计师，而这些设计师又各怀鬼胎。新的公园不是为人类活动合理而设计的，新的建筑如同孤零零的符号，在没有精心设计、不实用、孤立的环境里产生的活动也是差强人意。

在美国，对芝加哥的千禧公园（2003）也有类似的批评。有一位评论家写道：

> 竖立引人注目的标志建筑是千禧公园的设计重点；而为芝加哥市民提供满足感和惊奇感成了设计的次要考虑。走在公园里，像我在一个美丽的夏末傍晚去的那次，让人感觉仿佛参加了一次炫目的波普艺术展览，而不是一个有活力的公共空间。你的眼睛里充斥着新奇耀眼的作品，但你的精神总感觉少了什么。[5]

明星建筑只占所有建筑中的小部分，却获得了大量的媒体关注；相反地，占建筑中绝大多数的私人建筑却得到最少的关注。他们是由私有经济着手开发，受自下而上式的驱使，或者说“形式追随资金”[6]。主要体现在蔓延的郊区，全球范围内千篇一律的跨国商业建筑。尽管目的不同，“形式追随资金”和“形式追随技巧”从深层次上讲都带着一种“玩世不恭”的意味，对通过城市设计改善世界流露出不屑。

对快速变化的第四类反应是“形式追随恐惧”，前三种反应也许都可以归入这一类。[7] 恋旧、想退回到同类人中去显然是复古派的诉求，“我们要和同类在一起”是他们经常重复的口号。隔离城市主义在限制年龄的社区（55岁或以上）的增长中可见一斑，如亚利桑那州的太阳城；而大都市的种族和社会阶级的隔离也很明显。

人们的退避心理从面向所有年龄和收入阶层的封闭小区的数量增长中可见一斑。目前，超过八百多万美国人住在封闭社区里，并且这个数字还在不断增加。尽管研究表明，封闭小区对于减少犯罪率几乎不起作用（若说有作用，封闭小区说不定会提升犯罪率才对），但目前这种住在封闭小区中更安全的想法还是丝毫没有动摇

除了封闭社区，独栋的封闭住宅的数目也在增长。对于富裕的业主，越来越多的建筑师被要求设置“密室”。在朱迪·福斯特主演的电影《战栗空间》2000年上映之后，住房设计中藏在推拉式密门后的“密室”流行起来。更引人注意的是，共有5200万美国人（美国总人口是2.96亿）住在由业主协会管理的独栋住宅或公租房中。这些私人协会在住宅颜色与加建、宠物、篮球网、草坪等等许多方面的管理中拥有很大的权利。尽管这些“影子政府”并没有取得一致的支持，但加入协会的人们还是会受制于这些规则，以保护自己的房产或者是和群体保持一致。[8]

各种业主的恐惧心态引发了明显的反增长潮。那些不希望自己的周围被开发的人们常被称为“NIMBYs”（别在我家后院动土）。那些反对所有开发建设的人们常被称为BANANAs（“哪儿都不许建”）。恐惧的心态还导致了人们携带枪支的心理需求。在美国，目前有超过2亿支枪在私人家庭；拥有枪支的妇女人数在过去数十年中翻了一番。

四驱运动型多用途汽车（SUV）的流行，尤其是在城市中的流行，也反映了人们的防卫心理。尽管这种汽车为越野行驶设计，但实际上极少数人真正开离过公路。越野车的风靡是军用高机动多功能轮式运输车（Humvee）大热的缩影，它的民用版叫“悍马”，价值65000美元以上。这类车的保险费用非常高。过去的好莱坞演员、现在的加利福尼亚州州长施瓦辛格在20世纪80年代买了上市的第一款悍马。悍马可以说是“个人盔甲的顶级版”[9]；今天所有汽车都把安全性作为主要卖点，有警报器、车载电话、内置儿童座椅、安全气囊、安全防弹玻璃等等。

随着私人空间重要性的提高，公共空间的数量和质量一直在下降。现存的公共空间已经被剥夺了公共厕所、电话甚至喷泉，似乎传递着这样的信息：“走开”；“不准长时间停留”。

这些城市设计和发展的趋势反映出逃避现实的本质——躲在门后，远离市中心，回到过去、效仿别处或者逃进幻想的世界——这些都可能发出这样的信号：现实是索然无味的、难以下咽的。恐惧的浪潮使得人们更多地待在家里活动。曾经是公共空间里的活动越来越多地转变为满足于私人在家观看电视节目或者上网观看。一旦出门，便会发现商场、主题

公园或者体育场里到处是限制措施。没有任何计划的出行、随意享受城市生活里的即兴的公共表演变得越来越少。我们出行的目的性变得很强，考虑特定的目的地，考虑在哪里停车、在哪里会合，都提前决定好了。

这四种倾向都是被动应对式的。以逃避和自利的方式去应对快速变化产生的焦虑，终究是不持久的。相反，整体城市主义是前瞻性的解决方式，抱着创新的、热诚的态度去连接与环境、与社区、与我们自己的关系。

真实城市

我们追求场所的真实性，就像想要晚上钻进全棉而非涤纶混纺床单里睡觉一样。进一步说，就像纺线数量越多越细密、床单的质量和舒适度就越好一样；城市的纹理越多——细腻而不粗糙——城市的舒适度和品质也越好。

如何避免涤纶混纺式的环境，实现这种受到欢迎的真实城市呢？能袖手旁观任由城市没有任何引导地增长和变化吗？不，那就只是简单地让市场力量推动城市发展。市场只是用来短期内的分配资源，不会考虑那些没有明显经济利益的事情，比如纯净空气、水、社区质量。正如保罗·霍肯，艾默里·洛文斯，以及L·亨特·洛文斯在《自然资本主义》中写道，"市场从不打算要实现社区或整体、美或公正、可持续或高尚。由市场自主决定的话，它不会的。"

要实现真实的城市，需要一起组合宏观层面和微观层面的干预，无论是系统的还是偶发的治理措施都要包括。怎样发生的（过程）和发生了什么（结果）同样重要，两者密切相关。真实城市需要响应社区的需求和品位，必须同当地气候、地形、历史和文化相适应。推倒一切从头开始未必是最好的选择。赫伯特·马斯卡姆评价迪勒+斯科菲迪工作室对林肯中心改建项目的成功，部分归功于它的"段落式规划"——挖掘"不完美空间的潜力"。他写道："反馈得到充分响应。建筑师需要摒弃为市场或意识形态服务的城市空间规划，向实实在在的使用效果学习，这样做将会大有裨益。再见了，灾难性的规划。"[10]

宏观方面，最好的城市规划同时包含城市设计和政策框架。这些政策框架是城市在不断发展过程中成长和变化的基础。好的规划就像好的父母，能够让城市健康成长而不过度干预。不会决定一切，而是让城市自己生长成型。虽然提供纲要性的导则，政策框架不应该涉及每块土地的使用和每个建筑的细节。真实的城市如同健康的有机体，随着新需求的出现不断生长、发展，根据成功失败的反馈循环机制自我调节。当人们想要发展和改善城市时，例如策划线性的公园网络、公共市场、更好地预防犯罪、更多的教育机会、发展小商业孵化基地等等，真实的城市有能力让人们去实现这些。

真正的现实

过去数十年中，城市设计师一直在进行着对“真实性的寻求”。在一个相关主题的研讨会上提到，“在这个玩世不恭的自负时代，西方社会在20世纪末强烈呼吁真实性。对建筑评论家来说，真实性已经取代了维特鲁威的“坚固、实用、美观”建筑三原则，成为首要的评价标准”。[11] 这种做法与后现代主义的过度讽刺、玩世不恭、避世形成鲜明对比，我们看到对真实性的广泛呼吁。查伦·斯普雷纳克称之为“真实的复苏。”[12] 伴随着对建筑和城市建设中的“现实的崩塌”[13] 的批评，出现了很多“恢复真实”的倡议，例如，雷姆·库哈斯号召从“大”转向“复兴真实”。[14]

城市设计师在探求真实性的道路上选择了不同的方向。一种是揭示我们一直试图隐藏或掩饰的世界的不良面。采取这种方式的人被称为“肮脏现实主义者”。利安·勒费夫在列举一些20世纪80年代末建筑师和文学界的相似点时，用到了这个提法。这一文学学派描绘了20世纪末的肮脏的真相，而不是像后现代文学和建筑那样逃避和自恋。“肮脏现实主义者”通过“去熟悉化”，使人们用新的方式看待司空见惯的情形。勒费夫解释道，“肮脏现实主义建筑师，和肮脏现实主义小说家一样，通过放缓感知、打破陈规、从显而易见的东西中揭示问题，以此来达到警醒和批判的目的”。[15] 她将库哈斯、让·努韦尔、伯纳德·屈米、扎哈·哈迪德和奈杰尔·科特都归入此类。年轻一代中，像保罗·刘易斯、马克·鹤卷和戴维·J·刘易斯等建筑师也加入了他们的行列，“尝试利用藏在熟悉的楼立面背后的陌生感”。[16] 这种趋势可能与情景派画家（1957—1972年）有渊源，他们批判和反击超现实主义画家不够真实时，运用移位和错位来产生共鸣，追求“城市的真实性”。

与肮脏现实主义者形成对比，建筑师德博拉·伯克和史蒂芬·哈里斯提出“日常建筑”，同时，建筑师约翰·蔡斯和约翰·卡利斯基，以及城市理论家玛格丽特·克劳福德提出“日常城市主义”，都引用了法国社会学家亨利·勒费布尔的作品。日常建筑“直截了当，不装腔作势；允许普通大众参与创造，因而也是时代最真实的反映。可能会受市场影响，但不受之定义和支配”。[17] 日常城市主义从当地文化、环境、自发的流行形式中获取灵感。尽管日常城市主义是对20世纪末建筑文化中“不接地气的”精英主义的一种纠正，但它极少告诉城市如何去干预和设计。正如迈克尔·斯皮克斯所说，日常城市主义“是城市的评论员、翻译者，而非改革实施者”。[18]

肮脏现实主义者大胆超越的设计含蓄地批评了城市景观中经济和社会的不平等；日常城市主义含蓄批评了高雅、大众、流行文化间的分歧；而新城市主义声称要通过向城市本身传承的智慧学习去实现“真实的城市”。新城市主义者从区域的尺度考虑城市设计；而那些所谓的激进设计师，他们的干预如果不是纯理论研究的话，也仅限于在建筑尺度，可能实际上比新城市主义者还要保守。[19]

不同于肮脏现实主义强调反叛越位；整体城市主义旨在改变，有时甚至是超越。整体城市主义扩展了日常城市主义者对流行文化表达的尊重与新城市主义者对城市传统的尊重，同时注入通过倾听所获取的本地知识。整体城市主义承认肮脏现实主义对某些地区现状特征的认识，但不夸大。它不否认不愉快的社会和城市状况，也不像那些避世主义倾向逃避到形式主义、恋旧情节、幻想主义中去。整体城市主义结合当代现实，尊重本地居民和环境，把现实视为灵感最主要的源泉，而非需要克服的障碍。整体城市主义对场地和现状保持敏感，包括物理的、政治的、经济的、社会的、文化的和历史文脉背景。整体城市主义既是一种方法，也是一种态度。整体城市主义是“活着的城市设计理论”[20]，它时刻留意实践应用，灵活应对正在变化的环境和反馈情况。

简·雅各布斯认为，为了在区域和城市等更大的尺度范围内实现城市完整性，必须有大量的“非官方规划”，由有着广泛思想的不同人群共同参与。她同时指出，只有公共部门制定特定的工具，这类规划才能产生效果。像圣迭戈中心城市发展公司（1975年组建）、税收增额融资[21]等政府机制是监督协调重大基础设施改善（特别是交通设施）、保护社会多样性的基础。引导私人定向投资的公共激励政策对“刺激经济发展”也至关重要。支持当地品牌零售业的发展是保持地方特色、保护地方资金在本地流通、防止资金流失（交给外面的某个企业国家总部，甚至国际总部）的重要手段。艺术社区对于城市振兴而言，是非常有效的催化剂。在美国马里兰州和罗得岛的普罗维登斯艺术社区，已经被立法认可和保护。此外，保障性住房政策（如圣迭戈的SRO一居室住房项目和西雅图针对低收入纳税人的房产税收政策），以及有价值的社区建筑保护也很重要。最后，监管措施必须支持城市建设，比如无障碍设计要求、地面行人友好型的要求，以及尽可能多的停车位要求等。

以下是城市设计师和批评家马克·欣肖对“真实的城市”社区的理解：

> 他们不是流水线生产的同质化的成品，而是大量组织、协会、公司和政府机构的群体决策的结果。它们重视民主决策，不管结果如何混乱、不均和不可预知。它们持续地发展、充实、更新，伴随着建筑风格和城市风貌的广泛混合……它们有着多种多样的城市风貌，珍视多样化，拒绝一致。它们很少采用预设的设计标准，而是坚定地认为：没有必要所有的事物都理想化。它们可能会设定设计导则和审查流程，但这些政策都要鼓励创新而非同质化。

国际宜居城市运动推动了真实城市主义的发展。国际宜居城市运动发布在其官网上的原则倡导基于地方基因的设计导则。这些地方基因：

……体现在那些当地市民最喜欢的建筑和空间特色，可能包括建筑材料和色彩，典型的尺度和建筑形式，建筑体量，天际线，公共空间和半公共空间的布置。为了与周边环境适合，新建建筑尊重这些“基因”，反映至少某些既有形式，或者用当代语汇重新演绎。

真实城市主义在全美都有涌现，从波特兰、西雅图和圣迭戈，到巴尔的摩、匹兹堡、丹佛、圣保罗、堪萨斯城、达拉斯、阿尔伯克基、明尼阿波利斯、盐湖城、克利夫兰、小石城、亚历山大（弗吉尼亚）、米苏拉、夏洛茨维尔，以及其他一些地方。

我们这个时代

和整体城市主义的其他特征一样，真实性在早些时候也有显露。表现在法国19世纪现实主义油画和现实主义建筑（启发了后来的“现代主义建筑”）的某些方面：路易斯·阿拉贡的“了不起的瘴气”（20世纪20年代至30年代的超现实主义作品），汉斯·霍夫曼的“寻找真理”（1948年），第十小组对“平凡而非秩序”的探求（20世纪60年代），亨利·勒费布尔的“真正的人”及其揭示的“平凡人的不平凡”，海德格尔的“共通的真实”，以及查尔斯和蕾·埃姆斯将平凡转为不平凡、在平凡中寻求美丽的努力。[22]

当代对真实的感觉、经验和表达的追求使我们联想到早先的这些主张。但是，和其他整体城市主义的特征一样，我们的时代对真实性的要求又有不同。由于多重恐惧和威胁模糊了我们对现实的把握，当代对真实性的诉求在深度和广度方面都史无前例。

建筑评论家埃达·路易斯·赫克斯特布尔认为，泛滥的“主题”式环境，包括主题公园，商业中心，学校，社区等等，使美国变得“不真实”，似乎人们更愿意在虚幻世界里生活。寻求一段没有经过策划和包装的经历变得越来越困难。这些超现实与模拟[23]，强调表面不重实质，有时看起来比真相更加显得真实，挑战着我们的直觉，提高我们对杂乱错乱的现实生活的期望。

针对建筑设计具体而言，表面重于实质的盛行导致造型超过内涵，最后剩下的只有图像制作。正如尼尔·利奇在《建筑麻醉剂》中的观点，这会导致设计师和使用者的麻木，阻碍他们对社会和政治问题更深层的关注。美学成了“麻醉学”。工艺技巧所制造的美学大放异彩，而有丰富内涵的设计却被掩盖埋没。

消费驱动、媒体主导的社会制造了马丁·波利所谓的“第二现实”，使得第一现实更加难以捉摸。同时，商业驱动资本，通过提供“体验”经济和“变形”经济夸大了这种趋势。[24]森尼·伯格曼执导的瑞典纪录片《保持真实》（2004）叩问：为什么今天这么多人在寻找“真实”的经历。该片指出，泛滥的媒体表达使我们觉得被淹没在不真实中，进而感到茫然若失。影片还推理真实性已经成为一种商业诡计，而商业利益才是真正的真实，或者说“超现实”。

另一种关于真实性的迷茫，是来自与新技术带来的真与假的模糊。从数字化修饰照片开始，我们现在创造了“合成演员”，或称“网红明星”，以及《最终幻想》中艾德·罗斯医生那样的电脑动画角色。网络活动的活跃和扩展出现了现实生活和虚拟现实的分歧。在计算机语言中，“现实”一词也指“实时”或者“交互”的意思。“即时技术”，亦称声音流或视频流，是指互联网直播媒体——直播而非录播。这种媒体也叫“即时网络”和“即时播放”。

位居收视率榜首的“真人秀”节目也混淆了真与假。这些节目还会上传到网络，粉丝在节目没有播出时也能追逐那些所谓的“真”的人。真人秀节目“幸存者与学徒”的执行制片人马克·伯内特将这类片型描述为“戏剧现实”，是戏剧与现实的混合。

真实和人造的模糊远不止电影、电视、网络，已经不断扩展到视觉艺术、表演、音乐、时尚、建成环境等等。纽约上城区的变装皇后们用“真实性”描述他们装扮的质量。零售商店售卖洗过的（或破洞的）牛仔裤来展示沧桑感。新城市主义者宣称他们要把新的市镇建设得跟旧的一样，是因为人们需要真实性。

我们对机器的依赖性和快速的变化改变了认知自我和感知世界的方式。社会学家罗伯特·杰伊·利夫顿认为：“我们变得嬗变和多面。不自觉地，我们已经跟着这个时间的流动和不真实改变了自我的认知。这种自我认知与过去的完全不同，推动我们不断探索和体验。”[25]

这些是关于人类潜力和商业管理教程中经常讨论的话题。戴维·怀特，诗人兼财富500顾问，认为：

> 我们和企业的关系从家庭式的“家长－孩子”式的关系转变为“成人－成人”式的关系。这个过程充满了难以避免的震惊、困难、胜利和恐惧。市场中看不见的手和其他不可预知的大潮在铸造和打磨着我们的立场和身份。[26]

在畅销书《创新圈》中，汤姆·彼得斯描述了在当今这种永远变化的状态下，企业如何繁荣发展。

我们对真实的掌控感的流失可能也和不断增强的防卫体系有关。2001 年 9 月 11 号纽约双子塔倒塌，2004 年海啸，2005 年飓风，以及其他的灾难事件——带来的惊吓以至于我们用转移注意力来逃避，用麻木来抵抗。后果是我们屏蔽不好的，甚至自我封闭。我们也会因此丧失应对状况的能力，同时也会屏蔽快乐。为了阻止感觉的丧失，我们甚至会渴望极端的经历带来的极端的刺激。

对感知的渴望以及当代西方社会变化的特质导致“身份转换”达到前所未有的程度。“穿越”这个词描述了从一种身份（种族，性别以及其他）到另一种身份的转换，或者一种音乐类型到另一种类型的改变。它还显示了自如表达的能力和切换的自由。然而，它会带来对自我认同障碍并放大因缺乏稳定导致的焦虑。这种不满足大部分来源于市场。商业广告从来不会说，“你这样就很好”。相反，为了卖出商品，它会炮制不满。

随着感受外部真实的困难与日俱增，我们感受和表达自我的能力也在丧失。像孩童一样难以表达感情与思维，心理学家认为其原因是人们修了一堵保护墙、不信任他人，没有人能命令你或教训你，人们甚至开始不相信自己的感觉，不承认某些感觉，或者对其感到羞耻。他们不能认识自己的全部——长处与短处——他们不能看到事物的本质，取而代之的是否认、取消、推断、题写、离职化、理想化。这种自我认知和自尊的缺乏可能导致沮丧，甚至更极端的是“分裂”以及边缘人格综合征，心身分离，与真我分离。[27] 如果这堵墙——真实的或象征的——隔离个体与世界联系的墙是城市和社会层面的，那么可能最好的方法是学会倾听自己和他人，从而学会同情与尊重。

另一种反应可能是用工作、业余活动、财富驱动来填满我们的人生，把生活过得越来越快、越来越满，甚至达到极致。奥尔多·凡·艾克曾说，“我们忙碌着，以便忘记我们失去存在感，忘记我们失去居住感，忘记我们无家可归以及异化”。[28] 作为回应，全球草根阶层在行动，诸如“慢运动”、“极简运动”，开始倡导人们停下来、放慢脚步、调整呼吸、闻见花香。始于10年前意大利的“慢餐运动”，2005年“慢节奏城市运动”在挪威的一个慢速城市召开了第一次会议。[29] 卡尔·奥诺雷曾经在他的著作《慢速的赞美》中提到这个运动，他说，“慢是新的快”。[30]

在高雅文化中，相信真实的存在简直就是一种无可救药的过失。这在一定程度上反映了对文化多样性的感知和对多种世界观的尊重。但这也可能是自恋、无视不幸者苦难的托词。模仿引号的那个流行手势会起到一种讽刺的效果，让人们开始质疑所引注的内容的真实性和有效性，最终导致听众质疑你说的所有内容的严肃性。正如十几岁少女最常使用、现已广为流行的修饰语“好像”，这个词削弱了我们对自己说的话的责任。“她好像50岁了”或者“好像持续了两个钟头”之类的话似是而非，很含糊。在学术界，20世纪80年代和90年代后结构主义的兴起认为没有真实，只有个人感知和演绎。最富后现代结构主义特色的话语是某种事情“具有高度暗示性”还需进一步研究。

这种态度是一种病态相对主义，不鼓励选择立场和自主决断。从希腊语的掩饰看，讽刺是整合的反义词。杰迪代亚·珀迪在《为了共同的事情》中写道，讽刺是“一种无声的拒绝，拒绝相信关系的深度、动机的真诚、言语的真实”。他警告说，这将演化为一种冷漠和隔离的行为和态度。毫无疑问，它接受了现实。珀迪反对讽刺，号召美国重新重视公民价值，融入更广大的群众中去。

追求的表现

所有这些对掌握现实的威胁促使人们开始广泛而深入地寻找认同、强烈的感觉、诚实和信用、有意义的联系。这种（主动地或被动的）寻找体现在很多方面：极限运动、网络约会、品牌忠诚，慢生活和极简生活主义，加入新城市主义协会等等。

今天人们渴望独特性，一个地方不能再像以前那样主打“熟悉感”来吸引游客了。不能再用1975年度假酒店的广告语“没有惊喜是最大的惊喜”去宣传。现在，地方必须强调独特性。强化和放大“品牌”效应来传达产品或服务的独特性。人们希望这些产品能使自己变得独特或者提供真实或独特的经历。

商界对品牌商品和服务的需要，引爆了设计行业。伯利奇学院报告说：“在今天的设计乐园，建筑师收到了比所有以往都多的委托。体验经济里的一切——从时尚品牌到城市理念——都需要被设计。对建筑设计的需求，在文化与经济融合的今天，有了新的挑战。”[31]过去几十年里，图形设计师的数目大增，设计学院纷纷在以前未设的地方设立机构，如日本、新加坡、韩国等。在哈佛大学的带领下，不少大学纷纷给他们的学院重新起名，将建筑设计、规划设计、景观设计、图像设计、产品设计和时尚设计等等，都纳为设计这把大伞下的分支学科。[32]

同样，城市在追求经济和城市发展时，会重点发展地方特色，并把这种文化资产转化为经济优势。[33]例如，一次西雅图市民小组的讨论会议题是这样描述的：

> 西雅图的众多社区正在经历改变，我们不得不思考我们对自己所拥有的究竟满意不满意。如果新建的西雅图海滨是旧金山码头或者波特兰汤姆·麦考尔公园的翻版，你会怎么想？我们需要真正的西雅图的社区。但什么是真实的西雅图？真实意味着历史？如果答案是肯定的，那么城市的真实又是从何时开始的？加入我们，共同探讨西雅图的真实性，并在西雅图下一个大型的公共空间——中心滨水区域的设计中实现它。[34]

对真实性的探索也表现在其他的文化形式中。艺术评论家理查德·尼尔森1999年提出，艺术为我们提供了真实的体验，协助我们联系世界。他说：

> ……我们必须用经验重新认识自己。艺术不能解释自我，但可以提供经验。让我们结束电脑的说教，去体验咬一口青涩苹果是什么滋味，去体验跳舞是什么感觉。去体验什么是生育、抚养小孩、变老、对死亡的惧怕……艺术应当让我们看到，让我们听到，让我们摸到，让我们认识到我们所拥有的身体。

五年后，尼尔森高兴地报告说，“潮流终于消退。取代波普艺术的是给观众体验的艺术：视觉，情感，触觉，智力。这些艺术联系着鲜活的体验，联系着广阔的世界。”他列举了詹姆斯·图雷尔、比尔·薇奥拉、基基·史密斯、佩塔·科因和安迪·戈兹沃西的作品。他认为这些艺术“少了些说教，多了些参与。”

整个文学界开始追求和寻找真实。艾伯特·博格曼用“焦点现实”来形容“那些占据着我们身心、萦绕着我们生活的事物”。焦点现实包括“主导的存在，世界共性，中心权利”。[35] 尼尔·埃弗顿用“激进惊讶”[36] 表达自然环境中经历的对存在和自我的强烈认知。[37]

在探求真实性过程中，西方人已经转向非西方的传统以及更古老的智慧。[38] 因此，瑜伽、武术、植物治愈、卡巴拉、曼陀罗、迷宫、羽毛圈等等开始流行，许多直接叩问和探讨真实性。例如，美洲印第安人的“原药”认为，我们每个人都应该有自己的独特才能和挑战，人们本身就是“在他们的药里”。对于某些美洲印第安人来说，“圣箍”意味着“真实”，或者是直接与人的精神沟通。他们认为，当我们是真实的自己时，就到达了“圣箍”之中。[39]

总之，真实性的追求——对自我和意义的探索——不断增强。这是一把双刃剑，一方面导致激烈的异化以及相关的心理学和社会学问题，另一方面能从压抑的状况中获得解放，在紧迫的情形中找到意想不到的创新解决方案。在不安和焦虑中，人类可以迎接挑战、不断发展。

诀窍

所有这一切引出一个问题：*什么是真实？*尽管目前这个问题引起了特别的关注，但其实早已存在。我们许多人小时候都读过一个故事，就是对这个问题的探讨。1922年，玛格丽·威廉姆斯所著的《棉绒兔》中，兔子问木马：“什么是真实的？”木马回答说，“当一个小孩喜欢你很久，不仅仅是和你玩，而是真的喜欢你，那你就是真实的。”被问到是否受到伤害时，木马回答说“有时候会”，但是“当你是真实的时候，你不介意被伤害”。问到怎样才能发生时，木马解释道：

> “这需要很长的时间。所以，对于那些脆弱易折的、棱角分明的、需要被妥善看护的人来说，不容易发生。一般来说，当你变得真实时，你的大部分头发会被爱光啦，眼神散漫，关节松散，面貌也不好看了。但是这些都不重要，因为一旦你变得真实，你不可能丑陋，除非有些人不明白。”

就像木马所说，一个城市只有通过不断的有意义的联系才能变得真实并保持真实，而不是通过化妆品快速修补或者大量推倒重建城市结构。变得真实意味着从孤立到整体、从麻木到富有感情、从无聊到兴奋、从玩世不恭到关切、从自满到责任的转变。用乔治·卡林的话说，当我们生活而非生存的时候，当我们赋予时间生命的意义，而不是一年一年地活着时，真实就产生了。

面对被简化还原的风险，我想简单地说，对真实的探索，反映出对我们的生活场所和社区的归属感的渴望。[40] 在埋头向前唯恐落后的时代，这些最明显的品质竟然变得不可捉摸。尽管会在战前城市景观的基础上增加积累，但我们不能复制旧的建筑和城市，因为我们已经改变。我们需要找回的是“城市本能”,通过设计和其他方式来联系当下的能力。这种照看的伦理——照看自己，他人，以及环境——需要重心和态度的转变。这是下一章的主题。

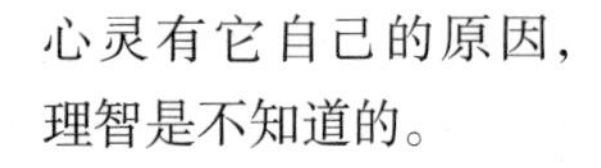

心灵有它自己的原因，
理智是不知道的。

——帕斯卡尔

曲折之路通往成功。直线道路引向失败。

——马赛谚语

尽管“大”是强度持久的蓝图，但它在一定程度上也是宁静甚至平淡的。全部的体量难以被刻意地赋予生命力。其巨大耗尽了建筑必须处处斟酌判断的强制性需求。区域将被遗忘在建筑之外……

——雷姆·库哈斯

少量的不合理性对我们是有可取之处的：它会提供意外的幸运，这种幸运给予我们呼吸的空间；它能提供机器控制下宽松的环境，这种环境可以让我们有活力。生活、智慧、善良，都可能从这些自由和无限制中产生。有人说，在田地里要留下一些麦穗给拾麦穗的人。也许我们某天会发现最可靠的机器是给意料之外留下空间。

——米歇尔·塞雷斯

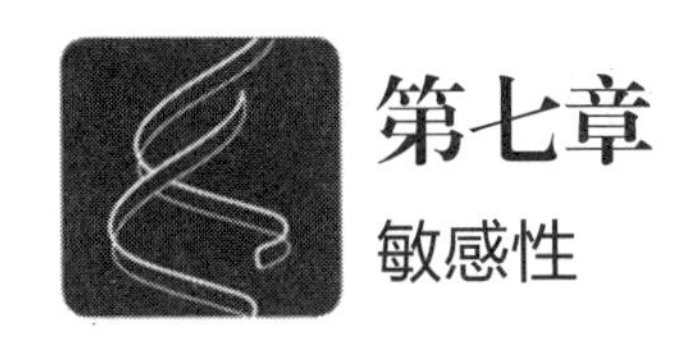

第七章

敏感性

下一个大事件可能是许多小事件的总和，可以称作是经济的点彩画法。

——理查德·D·帕森斯

设计就像是即兴演奏，为每一处地方寻找一个声音。

——沃尔特·胡德

创造世界时，上帝将每样东西都留下一些未完成之处。上帝并非让面包从土地中生长出来，而是让小麦生长，让我们可以将其烤成面包。上帝并非用砖块铺成地面，而是用泥土铺成，让我们可以将其烧制成砖块。为什么？让我们在完成创造世界的工作时成为合作者。

——犹太《圣经》注释

第七章　敏感性

双重诱惑

普罗米修斯被绑在岩石上，因其从神那里偷走火种并送给人类。亚当和夏娃被驱逐出伊甸园，因其吃了智慧树上的果实。巴比伦人被强迫讲不互通的语言并被驱散到世界各地，因其试图建造通往天堂的高塔并臭名昭著。这些警示性的故事描述了因为试图获得认识、解释、创造以及获取认同而受到的惩罚。这些寓言控制我们的渴望，以此反对理性，而维护奇迹、敬畏神圣。它们反对骄傲，主张谦逊。它们作为知识的纪念，表彰人类在面对成为神般的或机器般的双重诱惑时的品质。

这种双重诱惑对于建筑师和规划师是通病。尤其在 20 世纪，占据主导地位的是以“居住的机器”[1] 为目标，去规划城市、设计建筑的各种尝试。这些做法都把总体规划当作是万能的，并且笃信“形式追随功能”的教义。[2] 总体规划和现代城市主义最终未能达成目标而失败，是因为它们太希望包揽一切，过于理想化，以至于不能彻底实现。值得注意的是，这种做法生成了大量城市碎片，难以融入城市结构。此外，总体规划和现代城市主义的隔离和僵化，与生活中的整体性和活力背道而驰。[3]

普遍存在的不满激励着人们尝试其他方法。这些新方法并不排斥技术的优势，只是抛弃了一些 20 世纪规划和建筑所预先设定的控制。采用新方法的人以及他们所创造的景观，强调关系而非孤立的事物，强调互补而非对立，强调实质而非表面（如前文所述），此外，也强调过程而非结果。[4]

从假装永久到过程

如果城市是用来生存的，那么过程就必须有最终发言权。

——斯皮罗・科斯托夫 [5]

当我们生活在一个四维度的世界中，我们不能单纯地在静态的或者三维的空间中思考规划。

——谢德拉克・伍兹 [6]

生活是运动——道路是建筑。

——黑川纪章 [7]

时间是最伟大的变革者。

——弗朗西斯·培根，1665年

随着变化的速率不断增长，我们不能继续维持永久的伪装。随着时间比以前更多的成为空间的基本必需，过程变得和结果一样重要。事实上，过程成为结果的一部分，而结果永远不会彻底完成。小说家约翰·巴思在《潮水故事》中为颂扬极简主义文学说道，“宝藏的钥匙可能就是宝藏本身。”旅行目的地变得密不可分。方法和结果也是这样。结果不再成为判断方法的问题，这就是现代主义观念。去除了永久的伪装，每一件事物都成为偶然的，临时的，以至短暂的。永久和非永久之间的差别消失了。建筑和城市一直在工作进程中，一直是草稿。

这对于我们如何思考设计，设计什么，委托人和用户之间的角色，以及我们如何教授设计，都有潜移默化的影响。整体城市主义从总体规划的全面性中跳脱出来，将过程而非最终结果视为是最重要的，不再企图掌控一切，包括自然在内。取而代之的是，如上所述，提出通过加强精准干预来激发场所的活力，主要途径是创造阈界空间[8]和高强度的场所[9]。

正如过程变成结果一样，同样地，旅程也变成和目的地一样重要——或者变成目的地本身——就设计师在接触和构思某个项目而言。现代人全神贯注于如何尽可能快速地从A点到达B点，与此相反的是，设计师更加关注旅程本身的品质。平面设计师布鲁斯·莫主张道，“当结果主导过程时，我们将只会去那些我们曾经去过的地方。如果过程主导结果，我们可能不知道我们正在去往哪里，但是我们会知道我们希望去那里。”[10]此外，我们可能去一些之前从未去过的地方。当方法与结果趋同时，委托人和用户也同样成为积极的合作者。与从被动的电视到交互式观看的转变类似，创作者和观众之间的差别变得模糊，委托人或者观众变得更加积极参与。

人们已经认识到，空间和时间具有不可分离的关系，例如，空间也被定义为是“一段时间的间隔”，并且人们的习惯用语也有“这是在哪里/何时……”这样的表述。然而，现代性却将空间和时间划分为两个类别，并且把它们清空。[11]用普遍的、中立的、抽象的、同质的方法看待空间和时间，强制实施标准和规范。社会学家安东尼·吉登斯解释道，“一旦时间和空间被清空，从彼此的捆绑关系中解脱出来，它们就可能被系统地重新利用。”[12]重新分配这些空间，会抑制或者减少独特性、地方性、异常、不规则、碎片以及其他等等。

在最近的几十年中，随着现代城市主义的缺点不断暴露、对抗快速变化的需求越来越强，这些因素促使空间和时间的重聚受到欢迎，同时还有它们的“再填充”。不同于现代城市主义的中和与正常化，整体城市主义敏锐地意识到独特的空间，而把时间以及伴随而来的无法预测的结果都综合写进设计概要中。

洞察场地

在城市设计的理论中，空间与时间的整合与再填充，明显侧重于地方性和日常性、偶然性和意外发现、“时空连续体”[13]，多管齐下去实现批判地缘主义。在城市设计的实践中，也发生了从强调类型学和标准化到关注基础设施和流线的明显转变。[14]像空间一样，时间也不再被认为是空白的、不存在、无限或者同质的。在说明这些转变时，本・范・伯克尔和卡罗琳・博斯主张道：

> 后工业化的全球城市聚合是一个网络的拓扑结构，是一个由相互连接的节点组成的开放的动态结构，这些节点依靠交流而扩张。节点之间的距离被定义为路程，用时间来衡量。构成这种城市生长的模型，必然包括不同时间信息的建筑与规划的结合。[15]

当我们将时间归入讨论范畴，我们不可避免地要考虑空间如何利用（在不同时间上）或者人类的行为。为了表达动态的系统，建筑师克里斯蒂娜・希尔建议，“一种过程的语言，而非模式语言，是我们当今时代消失的重要东西。”她提议将有关形式的词与有关行为的词结合起来，由此“产生一个新功能的诗篇”，例如，“雨水花园”。

因此整体城市主义以主动放弃控制为特点，让事件发生、运行——一种敏感性。这导致一个转变，从包括一切的总体规划（在其中土地使用被作为首要考虑的）到一个更加面向工程、场地、委托人特点、互动性的形式的介入。

许多设计者已经表达过这种态度。例如，斯坦・艾伦认为，为了描绘当代城市的复杂性，“一些控制措施不得不被抛弃”[16]；史蒂文・霍尔主张，“保持怀疑地工作，允许科技进步所带来的暂时性表象，同时对于形而上学的场所特性开放。”[17]贾萨克・科解释道，“接受在使用中产生变化的必然性，同时，使用者要求建筑师摒弃他们的自我膨胀和控制欲，注重强调适应和调整的过程而非结果”。[18]雷姆・库哈斯提倡这样的城市主义：

> ……不以秩序和万能这两种幻境作为基础；而应该是上演不确定性；不再考虑设置或多或少永久性的事物，而是去滋润有潜力的领地；不再以稳定的构造作为目标，而是创造能够容纳过程发生、拒绝固化定形的场地……将不再沉迷于城市，而是为无尽的强化、多样化、快捷化和再分配而操纵基础设施。[19]

敏感城市主义允许事件发生，即便事件可能是不可预见的。吉勒斯・德勒泽和费利克斯・加特利可能将这个过程描述为从压迫和分等级的现代城市中解放欲望的自然流动（永恒地寻找连接点和综合体）。[20]这种方法可能也会被认作是“城市针灸”的一种形式，解放生命力。[21]这些干预既用于建成区，也适用于新发展区域；它们可能会有一个触手[22]，或者通过促进其他变化而产生多米诺效应。因为建筑的过程伴随居住和占用而持续，敏感城市主义者指出，使用者的角色成为合作者而非被动的接受者。

就像流动性和其他四种特质一样，敏感性描述的是整体城市主义的本质及其实现方法。敏感的城市主义是动态的、即兴的，经常是不确定的；这种特质与现代主义正好相反：现代主义迷恋控制、完美、修复事物、设计全部、轻视委托人（例如弗兰克·劳埃德·赖特的“委托人证明”式建筑）、简洁，以及乌托邦一样的理想化。回顾20世纪大部分时间，其显著特征是快速变化和控制欲，而这种特征引发了焦虑。与此相反的是，敏感城市主义接受变化，任其摆布。相对于现代城市主义的清理和修复心态，敏感城市主义接受肮脏、损坏和瑕疵。

敏感城市主义是充满热情富有诗意的。它综合偶然性[23]和智力（或精神）于系统，综合“微妙、复杂、成熟、俗气、残缺、歧义、疑惑。”[24]正如心理学家托马斯·穆尔的主张：

> 知识分子想要总结式的含义……但是精神渴求获得反映的深度，含义的多层次，无穷的微妙之处，参考、暗指和预示……就像具有说服力，细微的分析，内在的逻辑和典雅……相关性是精神的符号。通过允许偶然的关于相关性的敏感感受，精神不断地流入生命。[25]

正如鸟窝是自然的一部分，我们创建的建筑物也一样。在整体城市主义中，不把景观当作是事后考虑的象征、解药、消遣，或者仅仅是装饰物。理查德·英格索尔曾经描述为“景观替罪羊”。[26]一定程度上，景观和建筑是充分融合的。同样地应用于“艺术”和“公共艺术”上。城市本身是一件艺术作品，而不是相互孤立的片段。同样地，创造城市和公共建筑的过程，是一个集体创作的艺术品。

西方传统将人与自然对立；相反，日本的传统把人视为自然的一部分，这有助于与场地轻松自然地协调。例如，安藤忠雄认为，“建筑学的追求暗示着去寻找和提取场地的正式特征，与此伴随的是文化传统、气候和自然环境特点、城市结构所形成的背景，以及人们将带入未来的生活模式和古老习俗等。”[27]纽约现代艺术博物馆（MOMA）扩建部分的设计者谷口吉生也有类似的解释，“场地是出发点，是建筑最根本的问题。我参观场地是为了确保我不会屈服于抽象的理论和仅用于作品表面的形式外表，所以我获得了真实和完整形式的建筑。”[28]

设计中对于自然的深刻认识要求尊重宇宙的“自然法则”，包括生长的内部法则和公用的由太阳、风和水产生的外部力量的法则。按中世纪意大利数学家、也是其定义者名字命名的斐波那契数列，是无限的数字序列，每一个数字是之前两个数字之和，控制着叶序（植物茎上叶片的排列，以使叶绿素的产量最优化）如同螺旋形（发现于向日葵，松果，种子，攀缘植物，动物触角，鹦鹉螺贝壳等等）一样。这个数字序列也生成黄金分割和黄金矩形；该数字序列还以经过考虑的比例为特征，被古典和文艺复兴的建筑师定义为和谐匀称。分形几何描述自然界中自相似的形式和节奏，从雪花到叶片，树枝，山脉，波浪和海岸线。不论尺度大小，这些形式和节奏将会是相似的，尽管从不相同。建筑师在他们的设计中表达自然图案的分形“自相似”，寻求和谐，他们寻找反复的“构造上的序列”。[29]

计划性的解决方法只会产生明天的新问题。而结合自然流动的设计所产生的解决方法，如同自然本身一样有效、协调。工业和软件设计师吉姆·福尼尔主张道：

> 如果一个人调查自然系统的行为……（会发现）存在着一种人类技术系统从未渴求的协同配合。就好像每个元素服务于多个目的，同时解决多个问题，而且最终结果是整个系统运转和谐。作为一名设计师，有时在设计过程中的某些时刻似乎也会发生这种情况。这就好像是一个人在解开戈尔迪乌姆结的最后一步，每解开一个问题，就会使更多的问题解开，然后突然之间整个问题迎刃而解，就好像它自己解开了自己……与之相反的是，在现代主义后期或者后现代主义时期的世界所表现出来的状况，就好像所有的问题都是纠结在一起的，每当我们尝试去解决一个问题，它就会在更深的危机层次上抛出三个其他问题……这种状况与成功的设计流程恰恰相反，也与非常明显的一切自然系统的设计恰恰相反。

按照福尼尔的说法，成功的设计流程状态，感觉“好像一个人在发现解决方法，而这种方法已经潜在存在着，不得不将其梳理发掘出来，以便使其显现。它是一个非常谦逊和敬畏的经历，而非理智的胜利和控制”。[30]

敏感城市主义承认我们是自然的一部分，试图与其成为合作者，而非掌控自然。通过空间和时间来协调深层次的相互关系，敏感城市主义理解一切如何影响我们，也理解我们如何依次地影响其他一切。它假定我们属于土地，而非土地属于我们。敏感城市主义者在自然之中寻找自由，而非寻求摆脱自然。

存在点：从百万级到兆亿级

整体城市主义提供标点符号或者参考点来“影响”（时态、语气、词性等等的变化）景观及我们在其中的经验。这些干预激发“死亡”或者中性的空间。他们承认并且关注被放弃和忽视的空间。通过增加活力的密度，也许还有建筑的规模，他们使场地、人、经验之间相互联系。

对于这种干涉，存在着许多表达态度的说法。建筑师和理论家克里斯托弗·亚历山大认为，每个干涉产生的一块块增益，可以对景观产生修复的效果。[31] 在20世纪80年代巴塞罗那更新中，市长奥利奥·博加斯同建筑师一起掌握方向，强调“项目，不是规划”，将互不相连的室外空间形成网络，每个文脉都符合其周围的环境关系。伊格纳斯·德·索拉–莫拉勒斯的“城市针灸”涉及有互动反应的小尺度的干预，伴随着潜在的大范围的影响。[32]

伯纳德·屈米的“事件”[33]有意识地给空间和时间加注标点，如同在巴黎拉维莱特公园中所表现的“疯狂”。丹·霍夫曼在凤凰城为冷却连接器（2001）所引入的“迷人空间”，可以快速生效，提供舒适和连通性，作为城市复兴的催化剂。迈克尔·甘布尔和祖德·勒布朗曾经将他们为大尺度的城市郊区条状翻新的方法称为“扩大城市主义”。

借用计算机文化的一些词汇，我们可以将这些有准确反应的干涉称为“存在点”或者“节点”，它们就像是计算机中的物理节点或者中心点，而建筑物就好像是支持计算机工作的主要干线。为了保证清晰的连接，让计算机在物理空间上接近节点是好的方法。因此，把节点设置在计算机密度高的地方也是好的方法（尽管这些建筑仅仅是作为一些系统操作点接入，但却不再是它们自己的城市节点或中心）。目前，这些是百万级的节点（使用百万字节）。同时，它们将会是亿万级的，依次转为兆万级的和兆亿级的，随着担任中心节点的能力增强，数字将不断增大。伴随着上面所描述的城市“节点”及其类似物，要做许多努力来设计它们或者与基础设施之间的连接（参见第30—33页）。

软性城市主义

软性城市主义关注那些有互动反应，但没有计划的影响作用的干涉，这使其戏剧性地从20世纪主导地位的总体规划中脱离出来。与死板或者“僵硬”的城市主义相对，迈克尔·斯皮克斯将它们描述为“软性城市主义”，因为它是动态和灵活的。[34]

20世纪90年代的荷兰要求建筑迅速建成，这使得荷兰建筑师和规划师关注于大尺度的干涉和分期开发建设。[35]他们强调互动和时间驱动的过程，应用“情景”（从军事战略家处借鉴）而使得“似是而非的空间”[36]形象化。MVRDV的建筑师温尼·马斯开发出生成“情景节点”的软件，与模拟城市[37]有些类似。例如，由马斯及其学生开发的软件伯利奇搅拌机，组合不同的三种元件——单元、封装、滑块——来生成可能的城市情景。安德烈亚斯·鲁比解释道：

> 规划倾向于依照其意愿来高效地简化现实，相反，情景尝试引入因刺激物产生的反射过程和反应。因此，情景将本身从固有的规划概念的逻辑控制中解放出来，开设一个干涉的模式。这种模式以与干涉本身的领域的表演和对话为基础。[38]

另一个以基于情景的技术是在科拉的拉乌尔·邦肖滕城市画廊，由荷兰伯利奇建筑研究所的学生开发。马斯关注于他的情景节点的海量数据，邦肖滕则使用更多基于现场的定性的信息。城市画廊的第一步是收集与特定时间、特定空间的活力相关的信息。这些信息通常被标记为俳句的样式，关注四个基本过程：消除（什么被取走了），源起（某些新出现的事物），转变，迁移（移动通过的事物）。基于这些微情景的分析，被称作“可操作的范围”，用来描述以下三类基础的过程和机制：尺度（从地方到全球的），影响（环境的，社会的等等）

和参与者（演员，代理人和目标群体）。城市画廊的第二步，牵涉从第一步中草稿可能潜在产生的原型的发展。原型在两个或者多个可操作的范围之间协调，组织它们产生新的条件。一个原型会在四个层次上回应：标识（身份构成、原稿），土地（指大地、水、空气、生态问题、生态多样性和土地所有权），流动（通过场地的运动，包括交通工具、人、货物、信息、金钱、空气、水和废弃物）和社团（指法律上的、管理上的、社会的、政治的架构）。这些原型在第三步中通过“情景游戏”模拟可能的现实来测试。第四步是实施方案，寻求贯彻原型以及在时间上无限展现。[39]

荷兰为软性城市主义实践提供了沃土。例如，克里姆森公司和 max.1 公司在鹿特丹港口规划中吸收了时间相关的反馈机制，使得方案能够像有机生命一样适应新的条件。

在美国，景观建筑师沃尔特·胡德主张，公共空间的设计应该考虑渐进式的转变，融合新与旧、周边的场地，还有各种不同的使用者。胡德在加利福尼亚州的奥克兰拉斐特广场公园（1994）再设计中实现了这一主张，使得经常光顾这里的人不会被迫离开。胡德的策略并不是把公园进行贵族化的改造，而是为了现有的使用者对公园进行改良，同时也欢迎其他人。同样在奥克兰，位于一条高速公路下方交叉口处的斯布莱什·派德公园（2003）设计中，胡德创造了一个“杂交景观”，试图让各种使用者都能满意。狭窄的人行道在场地上纵横交错，构成类似高速公路电缆的图案；一条现有的街道被转化成为深受欢迎的每周一次的农场集市；而在沙地上设置一条长长的波浪状长椅，使得地下溪流的水能够渗透通过。这个公园变成了邻里的社交中心。安德鲁·布卢姆观察道，“这个设计是开放式的，甚至是混乱和模糊的。没有人会把它误认为极简主义——而且没有人会说这里的人们行为是最小化的……他们充分地居住于此空间，将生活带入其中……”布卢姆将胡德设计公共空间的方法描述为“根植于明确的过去，使公众活跃，与社区整合。”

伴随这些催化剂式和渐进式的方法，基于形式的代码（参见第 27—31 页）提供了另一个敏感城市主义的例子。正如传统的城市具有丰富的城市结构，它们不是分区规则的产物，而是遵循少数可接受的规则，涉及接触光线和空气、气候舒适性、可达性、隐私和社区。同样，基于形式的代码试图从控制力超强的总体规划中转向，而不是给它让路，同时，允许市场掌握控制权。所有这些方法都提出运用某种“零部件”，它们可以被其他人任意装配，以便产生原创性的组合。只不过，这些组合共享相同的元素，在一个大的统一下提供变化。

敏感性的尝试有时会出错，尤其是如果仅仅是佯装（实际上不情愿）放弃控制时，或者控制被简单地替代到另一个场馆时。例如，当试验仅仅致力于设计建筑物之间的空间时，会得到混杂的结果。试验指出，常规的现代主义方法的缺陷是设计“实体”，而这些实验则是逆转上述公式，转而专注于设计“虚空”。在法国小镇茹伊勒穆捷的“图表”项目（1978）[40]，建筑师让·保罗·吉拉尔多受到凯文·林奇作品的启发，仅仅设计公共空间。这个“公共”空间建成后，却无人前来（图 52）。闲置近十年之后，一名房屋建筑商购得该地并建造普通住宅。雷姆·库哈斯在法国新城镇梅伦塞纳特的竞赛中（1987 年竞赛，

图 52 “图表”项目，茹伊勒穆捷，法国，让·保罗·吉拉尔多设计

未获奖)，也相似地提出仅仅设计未来建筑之间的空间。

敏感城市主义是反应积极的，而非消极抵抗的。当城市、文化、习俗或者邻近地区“随大流”并且亲切地容纳各种自发的活动（或者如果允许就会发生）时，就产生了敏感城市主义。例如，布鲁克林艺术博物馆的负责人阿诺德·莱曼，他翻新了博物馆的前院，以便更好地容纳晚间自发的集会，而不是用墙和岗哨将他们阻挡在外。另一个例子是在凤凰城商业区的“第一个星期五”活动，当每月一次街道变成艺术庆典和表演场地时，常常万人聚集。

敏感城市主义要求留心的倾听和观察，而非通过科学的方法来寻求掌握和控制。因此，很多设计师已经采用人种学或者治疗学的方法，[41] 并将这些添加到他们的方法工具箱中。

像其他特质一样，敏感性是城市设计外部文化的独特表现形式，从电影到绘画、摄影、舞蹈、电视、音乐、时尚和表演艺术。[42] 它在社会科学、生物科学和人类学也很明显。

先例

这方面亦有先例可循。例如，重视过程、不完整、模糊化、活力、意外的发现，以及即兴创作等理念，此前都以各种各样的形式出现过。保罗·克利强调，艺术应该是一个体验创造的过程，而不仅仅是一个产品（1944）。海德格把艺术工作的本质定义为不隐藏、揭示、展开或从隐藏中揭示真理（1954）。查尔斯·埃姆斯宣称，“艺术不是一种产品。它是一种质量”（1977）。对于日本新陈代谢派建筑师而言，改变和灵活性，以及在设计中把城市视为一个整体，是建筑学的中心观点。[43] 虽然罗伯特·文丘里更关心建筑，而非更大的城市尺度的东西，他通过《温和的宣言》(1966)声明："我宁愿杂乱的活力，也不要明显的统一。高调的简单意味着乏味的建筑。"[44] 亨利·勒费布尔怀着渴望之情论述前现代主义"经受分析之后剩下的残留"(1968)，后来发展成为"节奏分析"方法(1992)，从空间中人体的节奏中寻找线索。

阿道夫·路斯在讽刺那些全控型的建筑师时，讲了个故事叫作"可怜的有钱人"(1908)，他的家经过了彻底的设计，却令人压抑，他非常不快乐。在故事的结尾，这个人宣称，"现在，我不得不跟自己的尸体同住。是啊，我完了，我圆满了。"在人们所处的环境中，允许人们做自己，并且表达自己，"第十小组"的"开放审美"(20世纪50年代到60年代)渴望无限的生长和变化。例如,谢德拉克·伍兹对柏林自由大学有这样的构想,"就像一个不断变化的物体，根据人们不断改变的需求和渴望而转变自身"。[45] 从20世纪60年代到70年代，有许多这样的努力，包括卢西恩·克罗尔的"开放建筑"，尼古拉斯·哈布拉肯的"支持"，汉斯·沙朗的开放的或者"未完成的"城市系统，还有查尔斯·穆尔和威廉·特恩布尔的"过程建筑"。[46] 在规划和城市设计方面，锡德里克·普赖斯提出"不规划"(1969)理念，克里斯托弗·亚历山大则拒绝总体规划，反而提出基于传统类型学的"模式语言"(1977，1987)。

随着重视玩乐的呼声，也出现了声音，呼吁我们重拾内心的纯真或内心的孩子。15世纪神学家，尼古拉斯·库萨说，为了实现"孩子的未知"，我们必须"不学"那些阻止我们认知真理的东西。[47] 禅学同样建议不要失去"初学者的心态"。约翰·济慈推崇一种"消极能力的状态"，它被描述为"具有不确定性、神秘感、疑虑，在谋求事实和原因方面没有任何急躁的方式。"[48] 玩乐的价值很明显，体现在超现实主义者的"精致的尸体"、法国情境主义者的*飘移*和*挪用*，以及尼采关于消极和培养快乐的评论。在设计教育方面，包豪斯的初级设计课程试图净化思想，使学生通过禅宗、道和埃克哈特哲学，回归幼儿园启蒙时期。旨在"把刚入学的学生送回到童年那种高贵的野蛮。"[49]

与现代主义时期恰恰相反，敏感的城市主义理念让我们"不学"的是，那种把理性置于直觉与体验之上，把"专家知识"置于我们自己的情感和观点之上，把静态而离散的物体置于情景、关系和过程之上的做法。与其把一种认知方式凌驾于在另一种之上，城市主义珍视——并且整合——所有来自感官、直觉、理性的认知方式。敏感的城市主义不提倡那种白纸般的思想，最终只是企图含蓄地去影响别人的想象力罢了。不管它是关于一片工地的建筑学想象力，还是关于"洁净"心灵的意识形态上的视野。强调过程而非产品表明，教育是基于情景和自我意识的，而不是以物体为中心[50]，看重主观知识和定性方法以及科学技术知识和定量方法。[51]

关于设计师教育，戴维·奥尔认为：

> 设计不仅仅是我们怎么制作物品，而是我们怎么把物品和谐地融入一种生态、文化和道德的情景中去。因此，它与系统、模式、和连接都有关系……设计的最佳状态是一种应用伦理学，它把通常相互脱节的不同视角和学科结合在一起。

卡斯顿·哈里斯认为，要想学会建筑，我们首先需要知道如何居住。[52] 引用海德格关于住所的概念[53]，哈里斯观察到一个很明显但不知何故长期被忽略的事实，即，综合性建筑只能由生活是整合型的人来设计。因此，他建议，设计类学生的教育应当有一部分是致力于学习如何在一个广袤的世界里了解自己、自己的社群以及自己的地方。

在荷兰波斯特圣朱斯特设计学院,所有学生在三个学期中,第一个学期学习"我"(个性),第二个学期学习"我们"(公共领域和城市空间),第三个学期学习"他们"(提案与反提案)。不是提供适度针对性的教育"，学校"试图引进一种方法论，对技术、经济以及文化的创新既抵抗也开放。"[54] 美国学生联合会(ASU)设计类博士生的核心课程也同样由三阶段组成，包括"自我"研究、"我们"研究以及"再"研究，分别提问：我是谁？什么是社区和文化的本质？什么是我特别感兴趣的领域以及我能作什么贡献？[55]

这种教育所提升的目标诸如：环境保护，尊重所有人的人类尊严，置尊严于权力、特权和利益之上。在加强环境方面作出重要贡献的同时，它也有助于提高建筑师和其他城市设计专业人员的信誉。[56]

系统和机缘巧合

我女儿西奥多拉6岁的时候，说起《星球大战》中的标志和电影人物之间的细微差异，我说她要比我记得更多电影细节。西奥多拉回答说，"当一个人还是孩子的时候，如果能发现作为孩童之美，这样的孩子就能够记住这些事情。我猜当你还是一个孩子的时候，你没有发现作为孩童之美。或者是你把它弄丢了。"那时，我顿时痛苦地意识到自己丢失了纯真，我问，"有没有什么办法能让我把它找回来呢？"她想了一下，回答道，"如果你丢失了孩童之美，就很难再找回来。你得花很多时间玩耍才能再得到它。如果作为一个成年人，你能感到许多乐趣，也许你也可以找回它。"短暂的停顿之后，她补充道，"一旦你能把自己内心的孩子找回来，就没有什么能阻止你去做任何事情。"

正如"孩童之美"太多地被掩埋在成年人的责任之下，所以，如果将城市塞进一个理性的和过度规定的总体规划里，城市的活力——它的灵魂和性格——将会消失。与其抛开任何规则或规划，或许我们应该重新考虑如何以适时应用这些规则。保持一个场所的童真，或者再次激活这个场所的活力，并不意味着零干预，而是一种温和的引导，这种引导是有针对性的响应、灵活、有趣，并且可以培养和允许自我实现。

为了实现上述混杂性、连通性、多孔性和真实性等特质，我们一直在重新考虑我们对于建筑与城市设计的方法和态度。与其仅仅去分析和解剖，或者选择成为艺术家和诗人，一个脆弱的都市主义理念并不认为那些传统二分法具有对抗性。相反，它把两方面都胶合在一起，而没有抹去它们的区别:系统和意外，理性和浪漫，原则和情感，阿波罗神和酒神、精神和灵魂、条纹和光滑，以及摩尔和分子线(德勒泽和加特利的理论)。与其走二元对立的路线，不如说一个脆弱的都市主义走的是另一条路，这条路能够占据存在于二元之间的对立选择，像芦竹一样根深蒂固，既坚实同时也易弯曲。[57]

脆弱并不代表软弱、冷漠、无情或无序。相反，它预示着意识和接受人类品质，放弃控制，接受我们阴暗面（个人、集体以及城市），并且承认唯一不变的是变化本身。对于设计师而言，它转化为提高对客户、场地、文化以及逻辑问题的接受度。不为这些因素所约束，而是把这些因素转化成为机遇和灵感的源泉。

普罗米修斯、创世纪和巴别塔等故事都向人们传达一种互补性：善与恶，欢乐和痛苦，成功和失败，骄傲和羞耻，和谐与冲突，知识和无知，脆弱和控制。如果我们确实希望恢复我们的景观、重振设计行业，同时提高我们的生活质量，我们必须不放弃我们的脆弱。

第八章　斜线城市（/城市）

我们可能会说，因为混杂程序的原因（这个/那个），整体城市主义演化出斜线城市（/城市）或斜线建筑（/建筑）。它也具有“符合斜线式”特色，因为强调了斜线本身、多孔膜、边界和占地。斜线某物意味着把它与其他事物结合在一起，在以某种方式改变它的同时，也保持它的完整性。除了斜线化城市之外，整体城市主义也在斜线化——或通过新的方式融合过去一个世纪已经细化再细化的各个专业：建筑学、规划学、景观建筑学、工程学、室内设计、工业设计、平面设计等等。在这个过程中，我们也可能同时结合一些常规的思维方式，应用和构建有特色的渗透膜（斜线本身），使其成为多样性的阈界（生物多样性、社会和文化的多样性、创意表达的多样性、功能多样性，以及商业的多样性）。[1]

流行文化有“斜线化”电视节目的趋势，包括改写剧本或者参与剧本创作融合。这种文学流派（出现在“斜线式电子杂志”和众多网站）是“同人流派”的一个分支。同人作家们重写主要的文本，“修改或拿掉不满意的部分，补充那些他们深感兴趣但原著却未充分展开的情节。”[2] 他们可能重新制造情景（填写集与集之间的断档空白信息），修改某一情节发生地所在的历史时期，调整重点（将注意力从主角转换到配角），重塑道德（例如，把反派改造成主角），个人化（把自己写进剧本中）、情感强化、色情化[3]、风格转变，以及穿越（组合节目）等。

参与重写这些剧本可以反映出，人们渴望参与和改写其他常规的大众文化，享受大众文化的奉献，而不是被动地接受它们。通过重写剧本，在此过程中表达梦想，同时也颠覆它们的信息、志同道合的人们所发展的亚文化，并且彼此相互验证。同人作家们在描述他们与电视节目之间的互动和投入时，称之为是对于节目和他们自己的一种“真实–生产”的项目。

应用于建筑和城市设计，我们挑战有关二分法和层次结构的常规时，就是在“斜线”融合城市，并积极参与城市的转变。我们使用类似同人作家的技术，重写这个城市，并且在以前仅仅被提及或缺少关注的地方创造强度。我们可以通过填写空白（在城市肌理中）、“穿越”或组合计划和其他手段来这样做。通过这样占领边界，我们从漠不关心转变到用心感受，从孤立转变到整合，在这个过程中实现自我价值与城市发展。

第九章　结论

> 我们在重新定义边界，并且进入一个新模式的复杂世界。一种新的世界观正在形成。其核心是某种互联性，阳光、天空、陆地、你、我，以及地球上无数的生物和资源……如果你选择接受挑战，建筑师和设计师们可以引领积极改变的潮流。
>
> ——苏珊·S·塞纳西[1]

融合

20世纪的城市和环境挑战已经促使人们重新考虑价值观、目标和实现目标的方法，特别是在过去的十年中。与快速变化的“多就是多”心态相反，对简单、缓慢、精神、真诚和可持续性的追求显然在增加。目前大众仍普遍倾向于追求虚构、精致、金钱和恐惧，与此同时，广大环境塑造参与者已经开始创造无数有前瞻性的举措，把范例向整合的方向改变。

整体城市主义与目前盛行的城市发展理念（特别是在美国）背道而驰，当前城市发展的特征是独立式的单一用途建筑物以高速公路连接，伴随肆无忌惮的（郊区）城市扩张，以及随之而来的环境、社会和美学的损失。如果说经过城市总体规划功能分区控制的城市功能是分开、隔离、疏远和退避的，整体城市主义则与此相反，强调连接、交流和欢庆。在整合现代城市所分离开来的功能时，这种方法也寻求整合有关城市、郊区和农村的传统观念，产生一种新的现代城市模式。在这么做的时候，它考虑的方法是设计与自然相整合，中心与边缘相整合，过程与产品相整合，本地特色与全球势力相整合，以及不同种族、收入、年龄、体能的人们相整合。

这些不同的整合通过混杂性、连通性、多孔性、真实性和敏感性来实现流动性。混杂性和连通性都是把所有层次（从本地到全球）上的活动和人们聚到一起。多孔性是关于这些活动和人们之间关系的本性。真实性是把实际的社会和物质条件与伦理道德层次上的关怀、尊重、诚实相联姻。敏感性是关于放弃控制权却保留关注，重视过程以及产品、活力，重新整合空间和时间。这些特质不仅表述整体城市主义的方法或态度，也表述它所采取的形式及其生存的方式。

关于空间的现代观点是客观的、同质的和中立的，与此相反，整体城市主义承认并颂扬主观性、异质性和意义。它摒弃对于建筑学和城市规划的纯粹功能（在机械学的意义上）的理解，赞成使场所也满足功能之外其他类型的需求。

整体城市主义通过创建阈界，或者有强度的场所来激活场所，促使多样性蓬勃发展。采取干预措施应对当前的需要和欲望，同时，当人和活动融合的时候，也允许新的生活方式和思维方式。整体城市主义给予更大的自决权和赋权，因为它提供了更多的机会使人们走到一起，提供了更多的时间和精力去设想更好的选择并实施落地。通过使效率和协同效应成为可能，它允许我们走实现更好的保护资源和更少的浪费，更多的高质量的时间，更少的不信任、偏执和恐惧。翻译成商业的语言，也就是更大的优化提高效率。

（人、活动、商务等等）在空间和时间层面的融合产生了新的混杂性。这些混杂性转而允许新的融合，这个过程将反复持续。实际上，这就是发展的定义。[2] 当强调分离和控制的现代范例阻止融合的时候，这种新的模式鼓励融合。事实上，参与生产这个大局的各种各样的演员，恰恰展示了沿时间阈界的生态多样性原则。

总之，整体城市主义是关于：

- 网络，而非边界
- 关系和连接，而非孤立的对象
- 相互依存，而非独立或依赖
- 自然和社会的社区，而非仅仅个人
- 透明或半透明，而非不透明
- 多孔性，而非壁垒
- 弹性或流动，而非静态
- 与自然连接并放弃控制权，而非控制自然
- 催化剂、配件、框架、标点符号，而非最终产品、总体规划或乌托邦

清除阻碍

尽管发展趋势是朝向整合的，在发展道路上仍然存在着许多障碍。其中一个是熟悉环境的诱惑，即使这样的环境不令人满意。我们倾向于坚持已经尝试过的方法——即使不是真的，即使改变可能是有益的，这使得改变非常困难。事实上，有意义的公共空间正在衰退，伴随着人们利用信息技术而构建的狭义的身份，这可能导致广泛的仇外[3]，接下来又引发更多的私有化，继续加剧螺旋式的下降。为了抗击这种恐惧，以及对改变的恐惧，为数众多的人正在集结形成强大的联盟，这种联盟常常是全球范围的，基于共同的兴趣和地方。这些团体包括“宜居的地方”、“使城市宜居”、“公共空间项目”、“学习型社区催化剂”，以及“慢城市运动”（参见第 78 页），同时还有大批团体致力于可持续发展、当地企业和社会公平。

在我们的环境和建筑行业存在一个根深蒂固的本源问题，即人们因为害怕失去控制、工作和认可而能感知到的那种保护地盘的需要。这个问题并不仅限于建筑师。律师约翰·F·莫洛伊在他的书《兄弟会》（2004）中观察到，“通过使法律复杂化，律师取得了根本的工作保障。美国法院能够简单而迅速地服务于正义的日子一去不复返了……当然，如果真有可能返回一个确实保护我们免受错误的系统。”虽然在美国文化中，调侃高昂的律师费是一种流行的

消遣方式，但是建筑师躲过了这种命运，可能是因为人们不需要像求助于律师一样求助于建筑师，而且多数建筑师并不像律师一样要价那么高。尽管如此，建筑行业已经偏离了它的使命，就像法律行业一样。在为人们提供最好的建筑环境这项任务方面，通过保护地盘的方式把任务变得复杂和孤立。令人讽刺的是建筑专业人员变得与当代世界联系愈加减少，尽管他们可以而且本应与世界产生互动联系。[4]

现代主义强调提取和分离，这种观念也影响到建筑师理解和描述其任务的方式。埃伦·邓纳姆－琼斯观察到建筑师往往"在表现（建筑）方面采用专业或理论的话语，而不是依据其置身于特定城市或区域环境中"。她指出，"不仅这种脱离会加强把建筑师当作精英的普遍看法，它还确保这个职业边缘化。"[5] 为了建筑行业和建筑环境的福祉，这种情况必须改变。就像文森特·佩科拉已经强调的，只要建筑师坚持认为经济、政治和社会问题无关紧要，"建筑就能成功地使本身无关。"[6] 由伯利奇研究所 2005 年发起的"建筑与调解"国际论坛，针对这种倾向解释道："建筑师是出了名的无法交流，甚或是解释自己。他们短视、自私，而且傲慢自大；受到自身的偏执而驱使，自以为是，不准备去倾听越来越渴望与其对话的公众。"

目前，正在努力通过建筑教育纠正这种孤立主义的倾向。广受好评的卡内基基金会在 1996 年的报告中呼吁，在学校课程和专业实践之间产生更多跨学科的以及更好的共生关系。[7] 虽然对这种改变的抵制在学术界和职业界都存在，但是交融仍在发生。[8] 教学和实践都越来越重视过程以及产品，重视人的体验和使用，以及所谓的"设计无边界"[9]，或者重新思考设计行业的组织和任务。在学术界，显著现象是景观都市计划的崛起，城市设计项目的增长，还有致力于加强环境和生活质量跨学科中心，以及在课程中引入关于场所和可持续发展等问题。[10] 总的来说，教育学正在克服这些障碍；"不是单向的信息流——其代表是广播电视或者老师面对一群被动的学生，而是新的教学技术，例如互联网，是双向的、协作的而且是学科交叉的。"[11]

在建筑设计界，要求边界变得更具有多孔性的号角已经吹响，关于各种"整合"建筑学实践的声明几乎无所不在。其中一个认为：

> 集成的设计过程是指，设计情况的全部技术方面被汇合在一起，贯穿设计过程的全部阶段，从造型和系统的概念，直到实现具象的建成建筑。它的定义是，在这种设计过程中，建筑的造型及其系统的性能特点之间（结构系统、围护系统、机电系统，以及其他传统的建筑"技术"特点），在概念方面并不存在看法和命题的分离。[12]

理查德·霍布斯，美国建筑师协会（AIA）专业实践副主席断言，"人们对整体设计方法需求无限"，包括融合多种技能来实现整体建筑目标的集成设计、施工和操作。例如，这个新的集成型的建筑学职业已经被记录在《AIA 建筑》以及《AIA 在线》上。

随着设计师们采用更加积极与合作的方法，集设计师－建筑师－开发商为一身的复合型人才越来越受欢迎。另一流行的做法是一家灵活运作的公司，可能只有一个或几个成员承担所有工作的类型，并将每个任务分配给合适的人，这点与电影行业的运作方式颇为相似。[13]

在产品设计方面：

> 集成创新迫使业务、设计和工程团队面对21世纪所面临的真正挑战：产品开发——即设计人们想要和需要的产品，同时，在市场上创造可衡量的价值，促进社会和环境的发展。[14]

集成创新的目标是向一个更可持续的未来发展，可以通过直接与用户交互、市场调研、精心应用技术与材料，了解相关的社会和环境问题实现这一目标。

这些努力在建筑以及其他设计实践领域，包括变得更加灵活、快速响应和跨学科合作等实践，已经产生了广泛的积极的结果。然而设计的任务在美国各个级别的社区、城市和地区依然发展不完善，因为城市设计的行业仍缺乏一个坚实的学术和专业基础。正如彼得·卡尔索普认为：

> 有一个职业正欲应运而生，这不是一种包罗万象的大杂烩职业。有时人们脱离建筑领域，成为城市的设计师，但极为罕见，因为建筑师们是如此着迷于建筑。有时，优秀的景观设计师可以成为城市的设计师，但他们不是接受某种培训而成为城市设计师的。对于他们受到的待遇十分感同身受……没有职业的城市设计师。对于景观设计师、规划工程师、土木工程师、交通工程师，他们都有各自的职业和所需的职业资格证书，但是最重要的职业——城市设计——却没有这些条件……这才是缺失的那一环。[15]

结盟

尽管依然存在各种社会和专业障碍阻止整体化的潮流，我们正经历着一个难得的历史时刻。这一时刻中，城市设计理论有幸与政治、经济和社会趋势联系在一起。有时候这些趋势支持着设计师的提议，但其他时候，整体城市主义却在根本没有设计师参与的情况下实现。一些最有影响力的趋势支持着整体城市主义，包括对环境与城市历史建筑结构保护的关注，包括区域运动的增加，包括中心城市的复兴，包括对生物栖息地的强调，包括区域和大都市运动，包括对“精明增长”和公共空间以及公共运输创造的讨论，城市的顺利充实，棕地和灰地的修复，二战后住房项目的复兴，公共交通导向和步行导向的发展，以及增长的邻居间的交流、共同的花园、建立的团体间重要的相互信任。

几个世纪以来劳动分工越来越明确；对事物和知识分类越来越细致；根据功能、社会阶层、年龄和种族等，景观被分离；将自然和人物体化、崇拜物体，我们见证着它们复兴的共同努力，尽管这种复兴采用了全新的方式。一些多种形式的方式，它们的重新整合显然是从单一文化到多元文化、从单纯功能分区到混合功能使用的转换，是大量的劳动力的重组（同时从上方和下方开始）它再次显现了诸如博物馆、学校、图书馆和动物园在内的城市机构的意图和构成；显现了对公共政治、城市发展参与的增长，及我们从食物和货物中得到的广告和信息，还有专业之间和专业与学术界之间的新的合作。

所有这一切正在发生，部分原因是因为知识已成为一种比物品更重要的日用品。由于知识无处不在并且不可预知，设计师弗朗西斯·达菲主张：

> ……知识型经济的操作方法必须是系统性的、开放式的、纵向的、综合各个学科的、创造性的，基于价值观的行为和基于事实的判断。知识型经济所需要的社会习俗、智力训练、各种工艺和环境，显然与所谓的“现代化”的社会所继承的刻板的工作方式很不一样。

随着知识成为信息时代的主要动力，人开始成为最重要的资源。正如查尔斯·兰德里所强调的，“人类的智慧、欲望、动机、想象力和创造力正在取代场所、自然资源和市场规律成为城市的资源。那些住在城市中并维持城市运转的人们的创造力将决定未来的成功。”[16]

与知识经济的转变相关的经济趋势包括电子商务、建立伙伴关系和技术力量的凝聚，它们都使得消费者越来越方便，承办商获得越来越多的利益。从共同的利益来看，大规模的专用化和小市场的目标（市场细分）是对付标准化和缺乏选择的措施。与此同时出现了快速增长的小独立企业，其中大部分是由妇女和少数族裔拥有的，很大程度是通过互联网使之实现的。

感谢新技术的集成，使得这个历史性的时刻非常罕见。跟提供先进设备与自然环境抗争，并时常让我们远离自然（那种做法）相反的是，技术正在证实、阐述和实施这种集成。由于拒绝改变或者拒绝接受新技术已经不再是一种选项，现在的问题不是该不该做，而是如何最好地推进。这个现象本身也许就能够证明一种观点，即，我们的世界能够在比以前更高的水平上自我组织。

天文学，物理学和生物科学的同步发展提供了构思中心、秩序、复杂性和混乱的新方式。对一体化的追求也许可以由当代对“万能理论”或连贯的宇宙论的探究来概括。[17]

这些变化转变为超越自主的独立价值，并且挑战思想 / 身体，缘由 / 情感，精神 / 肉体，男性 / 女性，文化 / 本质等代表的西方哲学传统的二元论。[18] 这是一种从二元的敌对、从竞争的你死我活的范例，从它们中任何一个到消除本身的转变，是一种建立在互相依存基础上的综合一体化的双赢范例。互相依存并不是指消除边界，而是互相之间能够渗透交流。玛丽·凯瑟琳·贝特森这么描述这一敏感性：“与对一个卓越想法的凝聚相反，对多样性和互相依存持续不断的关注可以提供一种不同的清晰景象，对多样化、综合性有反应而不是单一性的景象。”[19]

虽然整体城市主义涉及具体的城市设计，它的五个特性可能会有效地运用于国家治理、国土安全、管理、商业、教育、仲裁、技术、艺术、科学和其他表现形式的文化。多样性、连通性、多孔性、真实性和敏感性可能会为当代的广泛探索提供试纸和格言。当运用于其他领域时，这些特性便转化成对"关系最重要"和"过程比结果更重要"的认可（团队构建、能力构建，以及信任构建）；把组织机构当作是由网络枢纽、节点和连接器组成的动态网络（内置的灵活性与反馈机制）；保持对人和环境的关怀和尊重，并且使人和其他资源组合在一起以取得更高效率（最优化）。这些特性的运用带来了从竞争到合作的巨大变化（和那种产生最低效率的合作不同）。

无数这样的事情正在发生。建筑物之间关系的强调不断增多，取代了对特定学习成果的关注。在广泛传播的各个年龄段"学习型社区"的发展中，在通过建立牢固关系改造城市学校的努力中，这些都是显著的。[20] 信息技术人员一直在设计"复杂可适应系统"，通过一个模仿自然界发生的变异和自然选择的程序来设定和建立自身。[21] 设计这个系统的想法是为了广泛应用于商业和管理。补充的、可供选择的、完整的和其他各种整体康复疗法正在大范围地取代或进入传统医学对抗疗法的实践中。在心理学领域，心理疗法应该保护自身治疗和外在世界不可分割的概念在很大程度上被连通的教育意识所取代。其他方面仍然集中在对层次和竞争的现代关注中，这些成果得益于到一体化的类似转变。

那些掌握当今世界动态的人，像上文提到的苏珊·塞纳西，能感受到变化和转换的冲击。工业和软件设计师吉姆·福尼尔认为，时间（就像空间）是变化的、不定的，我们已经到了一个"转折点"，此刻事物戏剧性地变化。[22] 日本建筑师和规划师黑川纪章察觉到，越来越多的共生在世界各地的变化走向，包括民主主义的转变、对多元文化持续增长的关注，尤其是内心的依靠和生态学发生着他称为"不同元素的共生"的转变。[23] 关于塑造我们的环境，史蒂文·霍尔指出"能与20世纪初那些转变相媲美的范例似乎迫在眉睫"，这是因为"所有地方及文化在一个持续的时间—地域中融合"的电子联系，和与此同时发生的"地域文化及地域性表达的崛起"。[24]

我们一直在转圈，或者更确切地说，在螺旋式前进。我们向大自然特有的智慧学习，向大城市以及过去的那些城市建设者的智慧学习，我们将从新技术、期望和敏感性中产生的当代感悟力融入这种智慧中。对于现代主义项目[25] 应该继承还是抛弃，我们并没有作出两选一的选择。由于对电脑技术的超理性依赖，伴随着对进程、关系和互补同时进行重新估价，我们正在谋划着清除那种非此即彼的命题。我们同时在做这两件事，每件都互相反馈、互相调整，因此，在另一个层面有可能实现一体化。

在这个过程中，现代项目被修订，或者直接被一个整体项目所取代。现代项目通过科学的方法和创造性地控制自然和非理性来力求解放。一体化的进程一方面通过理解我们在自然和非理性中的位置，另一方面通过借鉴科学、技术、创造力和我们的深切同情或是更多追求普通利益、个人事业及世界和平的智慧，来创造解放（压迫、不平等、无知、疼痛和不适）的条件。[26]

由于我们与环境和其他人的联系越来越脆弱——这种状况通常被称为社会和家庭的破裂和生态危机——人们一直致力于重新思考城市设计，寻求重新建立起联系，或是提供联系所产生的场所。相对于用碎片式的解决方案回应特定的问题，那样只会令问题恶化或是把它们推到一边去（反应性的解决方案）；强调整体和在一个更高、更复杂的层面上关注联系，将引向广大范围的积极干预。

跨越分歧

当今时代把世界和我们对于世界的思考划分成碎片。我们现在得承受这些后果。要把它带回来，我们需要克服思想上的分歧，所以我们号召一体化实施。不是过去的那种方式，而是一种全新的一体化。

十年前，赫伯特·马斯卡姆把洛杉矶当代艺术博物馆的“城市修订”展览描述为“一个庞大而混乱的未消化的想法”。他还表示，“正是都市化领域先开始调查的。”马斯卡姆的结论是“如果没有别的了，这个展览暴露了对于城市主义新的词汇表的需求——一种能区分那些塑造公共领域的人不同之处的词汇。”他主张“如果设计师想要加强城市的连接组织，他们不得不在他们自己造成的分歧上对话。”[27]

整体城市主义渴望在这些分歧之上对话。它提供了一种可能性去解开激进的高级设计师和传统主义者之间令人疲倦毫无功效的敌对,罗伯特·坎贝尔称他们为“潮流主义者”和“传统主义者”：

> 潮流主义者和传统主义者是一样的。与其说他们不一样，不如说他们彼此之间很相像。那是因为他们都寻求替代我们现生活时代的一种乌托邦的时代。传统主义者在过去中寻找乌托邦；潮流主义者在未来中寻找乌托邦。而潮流主义者和传统主义者在他们对过去或将来的乌托邦的热爱中所共同忽略的，是现在。他们都试图从我们生活的真实世界旁走过，而代之以另一个时代的世界。规划一个乌托邦显然比处理现在世界和场所中的复杂现实要容易很多。你不用去处理记忆和创造之前的矛盾关系。你只需要选择这个或是另一个。如果你那么做，将不可避免地创造单薄、苍白、脆弱和令人厌烦的建筑。[28]

整体城市主义并非独树一帜地加入各种主义的混战中，而是吸引当代所有趋势中的精华，从肮脏现实主义到日常城市主义、软性城市主义、真实城市主义、真正城市主义、增量城市主义，她城市主义[29]、复兴城市主义[30]、后城市主义[31]、市场城市主义、新城市主义，甚至更多。为了清楚地把这些要素传递到最优的方法中，整体城市主义提取出综合的精华，分别构成它的五个特性。这五个特性提供了一个启航的港口或是出发点，就像爵士乐中的基本结构使得音乐家可以在此基础上即兴表演，或是产生任何有价值的东西所必须具备的技术（艺术、科技、商业、运动、烹饪等等）。

整体城市主义并没有转变到反面，它在寻求通过积极的设计方案，来延缓我们在景观和生活方面的持续碎裂。整体城市主义坚定地拒绝理想化过去或是逃避现在，它在寻求修补城市和社会构造中的裂缝，诉诸承认当代的挑战和为了充实的未来而规划优秀的备选方案。

如果我们所在的场所要维持我们的生活，它们当然必须提供清洁的空气和水，以及其他生存的必需品。不过，如果这就是它们所能提供的全部，我们将仅仅是能够生存而已。应用整体城市主义的五个特性，可以为我们的城市和社区提供必需的精神食粮，使其发展并真正繁荣起来。

如果说 20 世纪 60 年代产生了强调和平与爱的一代人，70 年代产生了强调自我意识和自我实现的一代人，80 年代产生了强调唯物论和逃避现实的一代人，那么 90 年代可能是对那些迅速变化自我控制的一代人，那些变化一直在报复我们对景观和安宁的大破坏。这个新的千年可以用一个非常清晰的广阔视角和勇气去产生下一代。让我们不要放弃这个大好机会去重建我们的城镇和城市，复兴我们的社区，修复从地球中夺去的，以及支持人性的重新结盟。

注释

PREFACE

1. Max Weber, *The Protestant Ethic and the Spirit of Capitalism* (New York: Penguin, 2002) (1st edition 1905).

INTRODUCTION

1. This phrase, "more from less," first applied by Buckminster Fuller, is now finding a much broader constituency, e.g., Ian Ritchie.
2. Some Modernists, particularly those described by Lefaivre as the "postwar humanist rebellion," also understood functionalism with more subtlety. Josep Lluis Sert, for instance, maintained, "We should understand that functionalism does not necessarily mean that only the functional has a right to exist: The superfluous is part of our system — it is as old as man" (Lefaivre, 1989). About contemporary understandings of function, Susan Yelevich, assistant director of Cooper Hewitt Design Museum, suggests that "Functionality has become more dimensional. Function now embraces psychology and emotion." (cited by Frank Gibney, Jr., and Belinda Luscombe. "The Redesigning of America," in *Time*, March 20, 2000, 70). Describing his own shift from 1930 to 1998, Philip Johnson recounts that in 1930, Alfred Barr's (of MoMA) attitude toward art and his own "came from rational, Cartesian, enlightenment thinking, and especially from Plato. Alfred's foreword to 'Machine Art' quoted Plato: 'By beauty of shapes I do not mean, as most people would suppose, the beauty of living figures or of pictures, but, to make my point clear, I mean straight lines and circles, and shapes, plane or solid, made from them by lathe, ruler and square. These are not, like other things, beautiful relatively, but always and absolutely…' What Alfred Barr and I did not know at that time was that our belief in absolute functionalism was subjective — all in our minds. In the same way, when I built the glass house in 1949, I accepted that glass could be the savior material for mankind. But we can change our minds. That's reality. Neither Mies van der Rohe nor Alfred would have believed that. The Weltanschauung has shifted from Platonic absolutism to a more relativist position, in art as in other disciplines. Architecture and design are inevitably affected by such change. I have changed." (Philip Johnson, "How the Architectural Giant Decided that Form Trumps Function," *New York Times Magazine*, December 13, 1998, 77–78).
3. Michael Hough, *Cities and Natural Process* (New York: Routledge, 1995), 6.
4. Ken Wilbur, *A Brief History of Everything* (Boston: Shambhala, 2000). Here I cite the 1996 edition.
5. Beck's work [Don E. Beck, *Spiral Dynamics: Mastering Values, Leadership, and Change* (Malden, MA: Blackwell, 1996)] is based on Clare Graves' "value systems" theory of human development. Beck and Wilbur have joined forces to form SDi (Spiral Dynamics integral).

WHAT IS INTEGRAL URBANISM?

1. Spiro Kostof, *The City Assembled* (London: Thames & Hudson, 1992), 305.
2. Mihaly Csikszentmihalyi, *Flow: The Psychology of Optimal Experience* (New York: HarperPerennial, 1990).
3. In landscape ecology, these are described as disturbances: "Disturbances tend to stimulate innovations. More broadly, disturbances stimulate ecological and human adaptations. Species without adaptations, and people that are not sufficiently adaptive, are apt to be bypassed by others in the long run ... External and internal changes are the norm, and therefore, a key attribute of a sustainable environment is adaptability, a pliable capacity permitting a system to become modified in response to disturbance" [Richard T. T. Forman, *Land Mosaics: The Ecology of Landscapes and Regions* (New York: Cambridge University Press, 1995), 502, 504].
4. Applying psychological concepts to the city recalls the city as organism metaphor that was predominant until the early decades of the twentieth century when it was superceded by the predominant machine metaphor [see Nan Ellin, *Postmodern Urbanism, Revised Edition* (New York: Princeton Architectural Press, 1999) (1st edition 1996), Ch. 8].

FIVE QUALITIES OF AN INTEGRAL URBANISM

1. Jane Jacobs, *The Death and Life of Great American Cities* (New York: Vantage, 1961).
2. Spretnak, *States of Grace* (New York: HarperCollins, 1991), 135.
3. Ibid., 260.
4. Ibid., 260–61.
5. Ibid., 219.
6. Spretnak, *States of Grace* (New York: HarperCollins, 1991), 19.
7. Ibid., 4.
8. Barbara Crisp, *Human Spaces* (Gloucester, MA: Rockport Publishers, 1998), 6.
9. Sim Van Der Ryn and Sterling Bunnell, "Integral Design," in *Theories and Manifestoes of Contemporary Architecture*, ed. Charles Jencks and Karl Kropf (London: Academy Editions, 1997).
10. Jane Jacobs, *The Nature of Economies* (New York: Modern Libraries, 2000) and Janine M. Benyus, *Biomimicry: Innovation Inspired by Nature*, (New York: Perennial, 1998).
11. James Wines, John Todd, and others share this view, which evolved from earlier discussions of Aldo Leopold (1949), Ian McHarg (1968), Gregory Bateson (ecology of mind), Charles and Ray Eames (powers of 10), E. F. Schumacher (1973), Ivan Illich, Murray Bookchin, and others. It is also an extension of Jane Jacobs's understanding of the city as a "problem of organized complexity" (Jacobs, *The Death and Life of Great American Cities*) as well as Robert Venturi's discussion about complexity [Robert Venturi, *Complexity and Contradiction in Architecture* (New York: Museum of Modern Art, 1966). Buckminster Fuller, whose motto was "We can't put it together; it is together," emulated nature with the geometry of synergetics using octet trusses and geodesic domes with intelligent membranes that are self-correcting and can change their properties as conditions change. Calling for integration of people and the city through understanding natural processes, Frei Otto contends: "The youngest ecological system within evolution is the big human city which has probably never been genuinely healthy since it came into existence. Not blind conservation of nature, but integration of the natural individual into his environment, into the world in which he lives, is our new task. And this means achieving greater knowledge of the natural processes which lead to the forms of objects which, in turn, form the overall picture of nature" [Frei Otto, "The New Plurality in Architecture," in *On Architecture, the City, and Technology*, ed. Marc Angelil (London, Butterworth Architecture, 1990), 14]. In architecture specifically, there is a long tradition of seeking inspiration from nature: Frank

Lloyd Wright's organic architecture; Bruno Zevi's "Towards an Organic Architecture" (1945), which regarded the organic as a social ideal; Kenzo Tange and the Metabolists; and Richard Neutra's "Human Settings in an Industrial Civilization" (1958) on "bio-realism." Although emphasizing formal attributes and individual buildings, these sometimes included larger processes and sites.

12. In nature, scientists Tilman and McCann, in separate articles, have confirmed that the stability of an ecosystem is directly related to species richness.
13. Biochemist John Todd advocates such living machines and along with ecological designer Jay Baldwin, he created a house with its own metabolism.
14. Carl Steinitz, "What Can We Do?," *Harvard Design Magazine* 18 (Spring/Summer 2003).
15. Ken Yeang, *The Green Skyscraper* (New York: Prestel, 1999), 38.
16. Yeang, *The Green Skyscraper*, 57. Yeang also writes: "Maintaining the integrity of the web of species, functions, and processes within an ecosystem and the webs that connect different systems is critical for ensuring stability and resilience. As ecosystems become simplified and their webs become disconnected, they become more fragile and vulnerable to catastrophic, irreversible decline" (36). "Ecological design must seek to repair and restore ecosystems" (38). "Ecological design seeks a symbiosis between manmade systems and natural systems" (38). "In the long term, it must be acknowledged that at the global and national level, changes in the economic, social and political systems based on holistic ecological principles are crucial if the objectives of a sustainable future for mankind are to be met" (35). We "can define ecological design as the prudent management of the holistic connections of energy and materials used in the built system with the ecosystems and natural resources in the biosphere, in tandem with a concerted effort to reduce the detrimental impact of this management, thus achieving a positive integration of built and natural environments. In addition, we need to ensure that this endeavor is not a once-only effort; the interactions of building and nature have to be monitored and managed dynamically over time" (57).
17. Cultural theorist Catherine Roach, for example, argues "against the idea that nature and culture are dualistic and opposing concepts," suggesting that this idea is "environmentally unsound and [needs] to be biodegraded, or rendered less harmful to the environment" (1996, 53). The common colloquialism "it's second nature" bespeaks an understanding that we are a part of nature.
18. Nicolas Wade, "Life's Origins Get Murkier and Messier." *New York Times*, June 13, 2000.
19. Dennis Overbye, "The Cosmos According to Darwin." *New York Times Magazine*, July 17, 1997.
20. John R. Logan and Todd Swanstrom, eds. *Beyond the City Limits* (Philadelphia: Temple University, 1990), 21.
21. Rachel Sara, "The Pink Book," EAAE Prize (2001–2002), 130. She also writes: "There is a new epoch dawning for the architectural profession. The present model values competition, isolation, the individual, esoteric professional knowledge bases, and singular, one-size-fits-all education paths. But this model is now seen to be problematic. Current literature all points in the same direction: architecture needs to give voice to 'other'; to value collaboration, compromise and communication, team-working and co-operation and new models of teaching and learning; to re-position process and product, re-emphasize context, and erode the myth of the genius" (130).
22. Alison Dunn and Jim Beach, personal communication.
23. James Stewart Polshek, "Built for Substance, Not Flash," *New York Times*, January 22, 2001. I have suggested that we call this valuing of the feminine in architecture and urban planning "her-banism."
24. According to Kenda, The Renaissance doctrine of anima mundi understood there to be a soul in nature and all else, as described particularly by Pico della Mirandola, Marsilio Ficino, and Lorenzo di Medici. The city should therefore breathe (it has pneuma). Feng shui and renaissance views both emphasize that the life force should be liberated in building. [Barbara Kenda, "On the Renaissance Art of Well-Being: Pneuma in Villa Eolia." *Res* 34 (Autumn 1998), 109–11].

25. Metabolist Kiyonori Kikutake explained that "contemporary architecture must be metabolic. With the static theory of unsophisticated functionalism, it is impossible to discover functional changes. In order to reflect dynamic reality ... we must stop thinking about function and form, and think instead in terms of space and changeable function ... unity of human space and of service functions ... to serve free human living" [cited by Alexander Tzonis and Liane Lefaivre. "Beyond Monuments, Beyond Zip-a-ton." *Le Carré Bleu* 3–4 (1999): 4–44].
26. Dennis Crompton wrote, "The city is a living organism, it divides and multiplies" (in "City Synthesis," 1964, cited by Tzonis and Lefaivre, "Beyond Monuments," 1999).
27. Advanced by British biologist James Lovelock in 1969.
28. Inspired by the theoretical contributions of Gilles Deleuze (on "le pli"), examples are found in the work of Daniel Libeskind, Greg Lynn, Jeffrey Kipnis, Zaha Hadid, the Ocean Group, and Dagmar Richter.
29. Fritjof Capra describes this "paradigm shift" in *The Web of Life* (New York: Anchor, 1997).
30. Jacobs, *The Nature of Economics.*
31. These were talks given in 1985–86.
32. Italo Calvino, *Six Memos for the Next Millennium* (New York: Vintage, 1988), 51.
33. Kelbaugh advances yet another formulation of five, suggesting that repairing the American metropolis should focus on place (local inspiration, not imitation); nature (biomimicry); history (successful typologies); craft (detail, craftsmanship, quality of construction); and limits (scale and boundaries) [Douglas Kelbaugh, *Repairing the American Metropolis* (Seattle: University of Washington, 2002)].
34. Anita Berrizbeitia and Linda Pollak, *Inside Outside: Between Architecture and Landscape* (Gloucester, MA: Rockport, 1999).
35. Jonathan Barnett, *Redesigning Cities* (Chicago: American Planning Association, 2003).
36. I borrow this phrase from designer Shashi Caan who maintains that live theory "is about deeply thinking, re-assessing and setting forth ideas that are pertinent to our current cultural milieu" in contrast to theory that may be less directly relevant to contemporary issues. I believe that ideas do not exist in isolation from people but are developed by people and transmitted among people through a wide range of communication channels from speaking to writing, singing, painting, dancing, the Internet, and many more. Our attitudes toward the ideas we receive grow from these contexts, and we proceed to appropriate the ideas and retransmit them and so forth. Ideas thus circulate the globe and are passed down through time, inextricably intertwined with the people who shape and communicate them. In other words, live theory is lived.

HYBRIDITY & CONNECTIVITY

1. "Megalopolitan development" is Ken Frampton's term.
2. As architect Vernon Swaback explains, "Starting in the 1960s, suburban developments began to associate separation with the creation of value. We created stratified housing projects, some of which have been abandoned, and we created office parks and big box shopping centers. Everything was put neatly in its place. For the future, a far more complex integration of uses will be necessary to create sustainable value. The urban fabric will become not only more efficient, but more alive. It is another opportunity to do more with less" [Vernon Swaback, *Designing the Future* (Tempe, AZ: Herberger Center for Design Excellence, 1996), 92].
3. Forman, *Land Mosaics*, 515.
4. Jacobs, *Death and Life*, 241.
5. Ibid., 150–51. Robert Venturi was another early proponent of hybridity, stating "I like elements that are hybrid rather than 'pure'" (*Complexity and Contradiction in Architecture*, 1966), but he was more interested in buildings than the city as a whole.

6. See Ellin, *Postmodern Urbanism*, 1999.
7. The Modernist drive to cleanly and neatly separate the world may have underlain and been a reaction to actual hybridization, particularly cultural hybridization, which is the thesis of Patricia Morton's *Hybrid Modernities* (Cambridge, MA: MIT Press, 2003). While claiming authenticity, accuracy, and objectivity as well as the separation of France from its colonies, Morton proposes that the 1931 International Colonial Exposition in Paris exhibition actually demonstrated their intense cross-fertilization from expressive forms of culture to lifestyle and more.
8. Hybridization, Steven Holl contends, "would be a general consequence in seeking a new unity of dissociated elements in architecture" and it would fuse "the worlds of flow and difference" (Holl Web site).
9. Rem Koolhaas, "The Generic City," in *SMLXL* (New York: Monacelli, 1996), 1254.
10. Ibid. Koolhaas describes the Singapore model in terms of "thematic intensification," as soft authoritarian control and freedom with urban form or organization, taking programming to its limits.
11. Koolhaas, "Bigness: or the Problem of Large" in *SMLXL*.
12. Marc Angelil and Anna Klingmann, "Hybrid Morphologies: Infrastructure, Architecture, Landscape," *Daidalos* 73 (1999): 24.
13. Roger Trancik, *Finding Lost Space* (New York: Van Nostrand Reinhold, 1986), 220.
14. Robert Putnam, *Bowling Alone* (New York: Simon and Schuster, 2000), 93.
15. Fred Kent, "Great Public Spaces by Project for Public Spaces — Instructive Lessons from Here and Abroad," project for *Public Spaces Newsletter* (2005).
16. The acronym cc has a double entendre: Children's Center or cubic centimeters.
17. Where does the New Urbanism fit into this? While taking a step toward integration, it only steps forward if this integration acknowledges contemporary needs and tastes.
18. Ellen Dunham-Jones, "Seventy-Five Percent," *Harvard Design Magazine* (Fall 2000): 10.
19. E.g., Northrup Commons over a medical center and Macadam Village over grocery store (both in Portland), Tribeca over a Safeway in Seattle.
20. http://www.transcond.com/us_pavilion/biennale2004/bien_yu.html.
21. Kenneth Frampton, "Toward an Urban Landscape," in *Columbia Documents for Architecture and Theory: D4* (New York: Columbia University Press, 1995).
22. Dunham-Jones, "Seventy-Five Percent." 6.
23. Due to home shopping and big-box stores, it is predicted that 20 percent of the existing shopping malls from 1990 will be out of business by the end of 2000. Some of these are being retrofitted such as a Pasadena mall dating from the 1960s, which will have small shops at the ground level and four hundred "lofts" above them. In Los Angeles (Fairfax and 3rd), a mall of discount stores has been replaced by small shops, cafes, and more than six hundred condos. Other mall conversions include Aventura Town Center (2003) where Loehmann's Fashion Square in Aventura, Florida added 655 condos (which all sold in one day!), a ten-story office tower, pedestrian arcades lined with restaurants and shops, and a piazza; Village of Merrick Park and Douglas Grand in Coral Gables, Florida; the Downtown Wisconsin Rapids conversion of an abandoned Wal-Mart into retail space, a Montessori school, a senior center, a hospital clinic, and community access television; the Glendale Shopping Center in Bayshore, Wisconsin, conversion of a 1950s strip mall into a "town center" using ecological design principles; Freestate Mall in Bowie, Maryland (by Oxford Development); Paseo Colorado in Pasadena, California; and Santana Row in San Jose. See "Greyfields into Goldfields: Dead Malls become Living Neighborhoods" by Lee Sobel et al.; "Sprawl and Public Space: Redressing the Mall" by National Endowment for the Arts; www.icsc.org; and www.deadmalls.com.
24. Supporting efforts to revitalize older suburbs, groups have emerged such as the Michigan Suburbs Alliance (MSA). MSA has already drafted standards and lobbied the U.S. Congress. In addition to its own team of real estate professionals, it partners with Michigan State University whose grad

students get assigned to specific communities to provide planning studies and develop urban design solutions, http://www.michigansa.org/redev.htm. In addition, incentives have been offered, such as New Jersey's seed money "for the establishment of a town center within a community that has no such center and no distinct identity at present" in Dunham-Jones (2000: 12). See Dirk Johnson, "Town Sired by Autos Seeks Soul Downtown," *New York Times*, August 7, 1996.

25. Herbert Muschamp, "The Polyglot Metropolis and Its Discontents," *New York Times*, July 3, 1994.
26. Elaine Heumann Gurian, "Function Follows Form: How Mixed-Used Spaces in Museums Build Community," *Curator* 44 (1) (2001): 87–113.
27. Lewis Mumford, *The City in History* (New York: Harcourt Brace Jovanovich, 1961). Michael Speaks describes this potential saying, "Somewhere between the besieged territories of urbanism and the immense arteries and non civic territories of the conurbation lay the hunting grounds for another urbanism. It is here that we find the most maddening sedimentations of power disguised as powerlessness, and the most exciting collection of possibilities disguised as impossibilities. Between the clear-cut territories of the refinery and the middle class neighborhood lay areas that do not derive their logic and filling from one single authority or owner but from the fact that they are filled to the brim with political, functional, and physical leftovers of the city" [Michael Speaks, "Big Soft Orange," in *Archi-ecture of the Borderlands*, ed. Cruz and Boddington (New York: John Wiley & Sons, 1999), 90–92].
28. Elizabeth A. T. Smith, comp., *Urban Revisions: Current Projects for the Public Realm* (Cambridge, MA: MIT Press, 1994), 6.
29. *Arizona Republic*, December 26, 2001.
30. The Silverleaf Club was designed by Don Ziebell of Oz Architects.
31. Jacobs coined this phrase in *The Death and Life of Great American Cities*.
32. In a *New Yorker* essay, Malcolm Gladwell noted similarities between these new workspaces and the organic urban vitality theories of Jane Jacobs.
33. The TBWA\Chiat\Day offices were designed by Clive Wilkinson Architects.
34. See, e.g., Frances Anderton "'Virtual Officing' Comes In from the Cold" in *New York Times*, December 17, 1998.
35. Richard Florida, *The Rise of the Creative Class* (New York: Basic Books, 2002), 122.
36. Other office furniture companies followed suit with Steelcase producing Personal Harbors (late 1990s), Blue Space (developed with IBM), and Knoll producing the A3.
37. The Mainspring squash court/conference room was designed by Beth Katz and Robert Caulfield of Visnick and Caulfield (Boston).
38. Smith, *Urban Revisions*, 14.
39. Mark Lee, "The Dutch Savannah: Approaches to Topological Landscape," *Daidalos* 73 (1999): 13–14. Lee explains, "This involves the production of an artificial terrain where the flowing, continuous, pliant space of landscape is constantly calibrated by the definitive, enclosing qualities intrinsic to architectural spaces" (10).
40. *Encyclopedia Brit*annica, www.eb.com.
41. Marion Roberts, et al., "Place and Space in the Networked City: Conceptualizing the Integrated Metropolis," *Journal of Urban Design* 4 (1) (1999): 52. They maintain that urban design and city management should support such "networks of movement and communication ... paying particular attention to the nodal connections" (51).
42. Ibid., 63.
43. Ibid., 52.
44. Ibid., 62.
45. Ibid., 64. These views are similar to the Dutch authorities' urban hierarchy proposal and to Friends of the Earth (1994) document Planning for the Planet.

46. This proposal vindicates the findings of Kevin Lynch in *The Image of the City* (Cambridge, MA: MIT Press, 1960) that paths, nodes, districts, landmarks, and edges are the organizing principles of our mental maps. The most significant of these, Lynch found, is usually paths. Second in importance is the place where paths intersect, or nodes, to create points of intensity or convergence. Charles Moore and Donlyn Lyndon, in *Chambers for a Memory Palace* (Cambridge, MA: MIT Press, 1996), maintain that the art of successful place-making relies upon "axes that reach/paths that wander."
47. See Ellin, *Postmodern Urbanism*, 1999.
48. Calthorpe in Douglas Kelbaugh, series ed., *Michigan Debates on Urbanism I, II, and III: Everyday Urbanism (Margaret Crawford v. Michael Speaks)*, ed. Rahul Mehrotra, *New Urbanism (Peter Calthorpe v. Lars Lerup)* ed. Robert Fishman, *Post Urbanism and ReUrbanism (Peter Eisenman v. Barbara Littenberg and Steven Peterson)*, ed. Roy Strickland (Ann Arbor: University of Michigan Press, 2005), 36.
49. Ibid.
50. Peter Calthorpe, William Fulton, and Robert Fishman, *The Regional City: Planning for the End of Sprawl* (Washington, D.C.: Island Press, 2001).
51. For less salutary impacts of "bundling" networks of infrastructures together at large scales, particularly social polarization, see Stephen Graham and Simon Martin, *Splintering Urbanism* (New York: Routledge, 2001).
52. www.doa.state.wi.us/olis.
53. Neil Peirce, "Megalopolis has Come of Age," *Arizona Republic*, July 29, 2005.
54. Peter Katz, "Form First: The New Urbanist Alternative to Conventional Zoning," *Planning* (November 2004).
55. This occurred in Contra Costa County, California, where Geoffrey Ferrell developed a FBC in 2001 for a $200 million mixed-use development.
56. Governor Schwarzenegger signed Assembly Bill 1268 facilitating form-based development in the state. This bill reads, "The text and diagrams in the land use element [of the general plan] that address the location and extent of land uses, and the zoning ordinances that implement these provisions, may also express community intentions regarding urban form and design. These expressions may differentiate neighborhoods, districts, and corridors, provide for a mixture of land uses and housing types within each, and provide specific measures for regulating relationships between buildings and outdoor public areas, including streets" (cited by Katz, "Form First").
57. Muschamp, "The Polyglot Metropolis."
58. *PPS Newsletter*, November 2004.
59. Peter Lindwall, "Impact of the Strand on the Townsville Community," *Queensland Planner* 44 (2) (2004): 18–19.
60. Peter V. McAvoy, Mary Beth Driscoll, and Benjamin J. Gramling, "Integrating the Environment, the Economy, and Community Health: A Community Health Center's Initiative to Link Health Benefits to Smart Growth," *American Journal of Public Health* 94 (2) (2004): 525–27.
61. Smith, *Urban Revisions*, 7.
62. Nicolai Ouroussoff, "Sobering Plans for Jets Stadium," *New York Times*, November 1, 2004.
63. The High Line is scheduled to open in Fall 2007.
64. SHoP architects is a partnership of William Sharples, Coren Sharples, Chris Sharples, Kimberly Holden, and Gregg Pasquarelli.
65. Nicolai Ouroussoff, "Making the Brutal F.D.R. Unsentimentally Humane," *New York Times*, June 28, 2005.
66. Alex Wall, "Programming the Urban Surface," in *Recovering Landscape*, ed. James Corner (New York: Princeton Architectural Press, 1999), 234.

67. Ben Van Berkel and Caroline Bos, "Rethinking Urban Organization: The 6th Nota of the Netherlands," *Hunch 1 — The Berlage Institute Report 1998/1999* (Rotterdam: Berlage Institute, 1999), 73.
68. Herbert Muschamp, "Woman of Steel," *New York Times*, March 28, 2004.
69. See www.maricopa.gov/parks and www.valleyforward.org.
70. The Rio Salado Habitat Restoration project along with the Rio Oeste extension was undertaken by the Phoenix Parks and Recreation Department with Ten Eyck Landscape Architects.
71. The team contributing to the Papago Salado Trail proposal includes Christopher Alt, Dan Hoffman, Christiana Moss, Michael Boucher, Laurie Lundquist, B. J. Krivanek, Nancy Dalett, Harvey Bryan, and consulting engineers at Entellus.
72. Whereas Jonathan Bell uses "car-chitecture" to demonstrate the impact of actual car design on the design of buildings and cities [Jonathan Bell, *Carchitecture* (Cambridge, MA: Birkhauser Boston, 2001)], I use it somewhat differently to describe the rethinking of architecture and urban design to incorporate car spaces.
73. See Ben Hamilton-Baillie, "Home Zones, Reconciling People, Places and Transport : A Study Tour of Denmark, Germany, Sweden and The Netherlands," http://www.gsd.harvard.edu/professional/loeb_fellowship/sponsored_sites/home_zones/index.html.
74. As Kathryn Milun writes, "These are zones of urban life where walking sets the pace for an awareness of surroundings whose most significant orienting device comes not from rational planning which seeks to segregate and control from the top down, nor from commercial directives which overwhelm the senses, but from the individual's participation in an open yet small-scale community that can still surprise the self" [Kathryn Milun, *Pathologies of Modern Space* (New York: Routledge, forthcoming)].
75. Wall, "Programming the Urban Space," 242; Berrizbeitia and Pollak, *Inside Outside*.
76. Rather than describe the contemporary period as post-industrial, sociologist Manuel Castells identifies a restructuring in the 1980s to "informational capitalism" or "informationalism," a global economy dependent upon technological development, which in turn depends on knowledge [Manuel Castells, *The Rise of the Network City*, (Cambridge, MA: Blackwell, 2000); Manuel Castells, *The Network Society*, (North Hampton, MA: Edward Elgar Publishing, 2004]. Replacing hierarchical and bounded models of the industrial society, this informational one is not bounded in time or space and follows a "new spatial logic" characterized by networks. He calls this the "space of flows" (*The Rise of the Network City*, 408).
77. George Johnson, "First Cells, Then Species, Now the Web," *New York Times*, December 26, 2000.
78. *Six Degrees of Separation* was based on a 1998 article by Duncan Watts and Steven Strogatz who looked at the nervous system, the power station web forming the electrical grid, and the social web of actors.
79. The "rich get richer" effect was proposed by Albert-Lazlo Barabasi and Reka Albert, *Science* 286, (1999).
80. G. Johnson, "First Cells."
81. Hillier and Penn describe a "movement economy" in cities, characterized by a network of origins and destinations (cited in Roberts, et al., "Place and Space").
82. Describing the importance of flows in the urban network, Van Berkel and Bos contend: "The contemporary urban network is a material organization of time-sharing social practices that work through flows. Flows are sequences of exchange and interaction in the economic, political, and symbolic structures of society. The space of flows is made up of specific, localized networks that link up with global networks" ("Rethinking Urban Organization," 73).
83. Undercurrent stabilization has been successfully applied to restore the shoreline at Najmah Beach in Saudi Arabia.
84. As Jim Fournier has pointed out, when we build things that approach the elegance of nature, such as photovoltaics, they can stick around for a long time (1999).

85. According to Larry Santoyo, "Permaculture is the art and science that applies patterns found in nature to the design and construction of human and natural environments. Only by applying such patterns and principles to the built environment can we truly achieve a sustainable living system. Permaculture principles are now being adapted to all systems and disciplines that human settlement requires. Architects, planners, farmers, economists, social scientists, as well as students, homeowners and backyard gardeners can utilize principles of Permaculture Design" (http://www.bfi.org/Trimtab/ spring02/permaculture.htm).
86. See Ellin, *Postmodern Urbanism*, Ch. 8.
87. Or perhaps not so ironic. The originator of the modern computer, Charles Babbage, believed that such technological advances provided "some of the strongest arguments in favor of religion" and David F. Noble, in *The Religion of Technology* points out that the technological enterprise has always been "an essentially religious endeavor" (both cited by Edward Rothstein in "The New Prophet of a Techno Faith Rich in Profits," *New York Times*, September 23, 2000).
88. Expressing this shift from the ideal and static to the diverse and dynamic, Hani Rashid and Lise Ann Couture (Studio Asymptote) included a video in their installation at the Venice Biennale (2000) of a moving person vis-à-vis the still Vitruvian Man who was the classical measure of all things. A Platonic figure inscribed inside a perfect square and a perfect circle, the Vitruvian Man was placed on land and aligned with cardinal points to create colonial towns in the United States.
89. Italo Calvino, *Invisible Cities* (New York: Harvest/Harcourt Brace Jovanovich, 1978).
90. Saskia Sassen, *Cities in a World Economy* (Thousand Oaks, CA: Pine Forge Press, 1994); Saskia Sassen, *The Global City* (Princeton, NJ: Princeton University Press, 2001).
91. Trancik, *Finding Lost Space*, 219–34.
92. Stan Allen, "Logistical Activities Zone: Users' Manual," stanallenarchitect.com.
93. According to Allen, "The variables in organizational diagrams include formal and programmatic configurations: space and event, force and resistance, density, distribution and direction. Organization always implies both program and its distribution in space, bypassing conventional dichotomies of function vs. form or form vs. content ... Unlike classical theories based on imitation, diagrams do not map or represent already existing objects or systems but anticipate new organizations and specify yet to be realized relationships. They are not simply a reduction from an existing order; their abstraction is work as 'abstract machines' and do not resemble what they produce." Regarding the score, Allen explains: "The score is not a work itself, but a set of instructions for performing a work. A score cannot be a private language. It works instrumentally to coordinate the actions of multiple performers who collectively produce the work as event. As a model for operating in the city, the collective character of notation is highly suggestive. Going beyond transgression and cross-programming, notations could function to map the complex and indeterminate theater of everyday life in the city. The use of notation might provoke a shift from the production of space to the performance of space" (Web site).
94. Jusuck Koh, "Success Strategies for Architects through Cultural Changes Leading into the Post-Industrial Age," in *Environmental Change/Social Change, Proceedings of 16th EDRA Conference*, ed. S. Klein, R. Wener and S. Lehman (Washington, D.C.: EDRA, 1985), 13.
95. Use of the term smooth is a reference to Gilles Deleuze and Felix Guattari, *A Thousand Plateaus* (Minneapolis, MN: University of Minnesota Press, 1980), implying that the space connects differences and is ever changing.
96. Rem Koolhaas, "Pearl River Delta, The City of Exacerbated Difference" in *Politics-Poetics Documenta X* — the Book, ed. Jean-François Chevrier (Kassel, Germany: Verlag, 1997).
97. SCAPE Web site: www.kostudio.com.
98. www.uacdc.uark.edu.
99. See Alison Smithson's essay "Mat Buildings" in *Case: Le Corbusier's Venice Hospital and the Mat Building Revival* (Case Series), ed. Hashim Sarkis, Pablo Allard, and Timothy Hyde (New York:

Prestel Publishing, 2002). Le Corbusier's Venice Hospital was designed "to extend the city's roads and canal networks, while simultaneously turning in on itself to create flexible, quasi-urban interior environments in the form of endlessly repeating courtyards." The Team 10 diagrams can be understood more as representations of process rather than urban. Their approaches shared a search for patterns of "association," the network of human relations.

100. As Jonathan Barnett points out, these efforts, such as the Mechanic Theatre district in Baltimore, offered examples of cross programming, but turned their backs to existing city by suppressing streets and creating superblocks with a public plaza in the interior, accessed primarily via underground parking structures.
101. Josep Lluis Sert is often considered to be the person who coined the term "urban design" and he created the first degree program in urban design in 1959 at Harvard University.
102. Lewis Mumford, *The Culture of Cities* (New York: Harcourt Brace and Co., 1938).
103. Angelil and Klingmann, "Hybrid Morphologies," 21–22.
104. Gerrit Confurius, "Editorial," *Daidalos* 72 (1999): 4.
105. Wall, "Programming in Urban Surface," 235.
106. Alexander Tzonis, "Pikionis and the Transvisibility," *Thresholds* 19 (1999): 15–21. Doxiadis was a student of Pikionis.
107. Tzonis and Lefaivre trace this to the Bible. They also remind us that "Artists, architects and urbanists have for a long time sought to capture movement within the spatial framework of design. One approach to achieving this has been to emphasize the expressive visual-spatial qualities of the design object, arranging its masses in controlled disequilibrium so as to anticipate a future state. (Elsewhere, in relation to the work of Santiago Calatrava, we have called this the 'aesthetics of the pregnant moment.' Prior to the Second World War the word used to describe this strategy was 'plasticity,' relating the iconic likeness of the artefact to an organism which moves or grows" ("Beyond Monuments," 1999).
108. Tzonis, "Pikionis and the Transvisibility," 1999.
109. Liane Lefaivre, "Critical Domesticity in the 1960s: An Interview with Mary Otis Stevens," *Thresholds* 19 (1999): 22–26. Stevens explains, "We were interested in how it allowed growth and change and variation. We designed the building from the inside out ... It was the result of a process, not the application of preset notions."
110. All from Tzonis and Lefaivre, "Beyond Monuments," 1999.
111. Tzonis and Lefaivre, "Beyond Monuments," 1999.
112. Ibid. Woods advocated "the creation of environment at every scale of human association" appropriate for a "society ... entirely new ... a completely open, non-hierarchical co-operative in which we all share on a basis of total participation and complete confidence" (Tzonis and Lefaivre, "Beyond Monuments," 1999). He tried to accomplish this in the new town prototype he designed with Candilis and Josic.

POROSITY

1. Roland Barthes defines "readerly" texts as quick easy reads versus "writerly" texts that conceal and reveal and are, therefore, more satisfying. See *The Pleasure of the Text (1975, translated by Richard Miller, NY: Hill and Want* and *S/Z (1970, Paris: Editions du Seuil).*
2. For Herbert Muschamp, the veil has become a prevalent graphic device in contemporary design, symbolizing the contemporary condition between the industrial and information ages. As a subset of translucency, as I'm conceiving it, the veil, according to Muschamp, "conveys the conflicting desire to conceal and reveal." "Shadow, translucency, reflection, refraction, dappling, stippling, blurring, shimmering, vibration, moiré, netting, layering, superimposition: these are some of the

visual devices used to render the veil in contemporary design. Recent examples include the Apple G4 Power cube; shadow niches in the walls of the British architect John Pawson; the spring 2001 collection by the fashion designer Helmut Lang; curtains by the Dutch designer Petra Blaisse; a new book Life Style by the Canadian graphics designer Bruce Mau" (Herbert Muschamp, "A Happy, Scary New Day for Design," *New York Times*, October 15, 2000). In architecture, Muschamp contends "Modulating the visual texture of glass with reflectivity, fretted patterns, screened-on images, blurring, veiling, coloration, support systems and other techniques, these projects summon forth states of narcissism, exhibitionism, voyeurism, veiling, vamping, elusiveness, disconsolation, Hitchcock's blonde" (Herbert Muschamp, "Architectural Trendsetter Seduces Historic Soho," *New York Times*, April 11, 2001).

3. Ken Shulman, "X-Ray Architecture," *Metropolis* (April 2001).
4. As Hartman explains, "The translucent blocks are made by mixing glass fibers into the combination of crushed stone, cement and water, varying a process that has been used for centuries to produce a versatile building material ... Load-bearing structures can also be built from the blocks as glass fibers do not have a negative effect on the well-known high compressive strength of concrete. The blocks can be produced in various sizes with embedded heat isolation too." These walls of light-transmitting concrete can be very thick since the fibers work without any loss in light up to 20 meters, according to Losonczi. (Carl Hartman, "Seeing the Future of Construction through Translucent Concrete," Associated Press, July 8, 2004.)
5. Robert Scully, "Systems of Organized Complexity," *Arcade* 21 (4) (Summer 2003).
6. Herbert Muschamp, "Forget the Shoes, Prada's New Store Stocks Ideas." *New York Times*, December 16, 2001.
7. Seventy percent of the world's drylands are degraded or desertified. Desertification results from loss of biodiversity and productivity due to unsustainable human activities (overcultivation, overgrazing, deforestation, and poor irrigation practice) or climate change.
8. Calthorpe, Fulton, and Fishman, *The Regional City*; Patrick Condon, presentation at "Urbanisms: New and Other," University of California at Berkeley, 2001.
9. Kenneth Frampton, *Modern Architecture: A Critical History* (London: Thames and Hudson, 1985) (1st edition, 1980).
10. Mark Wexler, "Money Does Grow on Trees — And So Does Better Health and Happiness," *National Wildlife* (April–May 1998): 70.
11. Ian McHarg, *Design with Nature* (Garden City, NY: Natural History Press, 1969).
12. http://www.communityschools.org.
13. For instance, a planning exercise in Los Angeles hosted by Livable Places (2004) envisioned a new high school and middle school combined with a mix of housing, parks, and other civic/community uses.
14. James Traub, "This Campus Is Being Simulated," *New York Times*, November 19, 2000.
15. Cited in Christopher Hawthorne, "Captain Koolhaas Sails the New Prada Flagship," *New York Times*, July 15, 2004.
16. Rowe and Slutsky's phenomenal transparency might fall into the category of symbolic porosity, though they were referring specifically to the scale of buildings, not the urban scale. Phenomenal transparency produces an experiential tension by implying depth and inciting the viewer to perceive places simultaneously and to mentally reconstruct, e.g., the layered facades of Le Corbusier's villas.
17. Julie V. Iovine, "An Avant-Garde Design for a New-Media Center," *New York Times*, March 21, 2002.
18. Forman, *Land Mosaics*, 84.
19. Jacques Derrida, *The Truth in Painting* (Chicago: University of Chicago Press, 1987).
20. In mathematics, there is a class of propositions considered to be independent because they can neither be proved true nor false.

21. This quest for separateness was one offshoot of the "project of modernity" (coined by Jurgens Habermas) that emerged during the Enlightenment and grew dominant throughout the Western world. This project sought to discover that which is universal and eternal through the scientific method and human creativity, in order to dominate natural forces and, thereby, liberate people from the irrational and arbitrary ways of religion, superstition and our own human nature [David Harvey, *The Condition of Postmodernity* (Malden, MA: Blackwell, 1989), 12–13]. See Ellin, *Postmodern Urbanism*, 125.
22. Spretnak, *The Resurgence of the Real*, 77.
23. See Ellin, *Postmodern Urbanism*, Ch. 8; Nestor Garcia Canclini and Silvia Lopez, Hybrid Cultures (1995); Robert J. C. Young, *Colonial Desire: Hybridity in Theory, Culture and Race* (1995); Ruth Behar and Deborah Gordon, eds. *Women Writing Culture* (1995); and Anna Lowenhaupt Tsing, *In the Realm of the Diamond Queen* (Princeton, NJ: Princeton University Press, 1992). Cultural theorist Homi Bhaba introduced the term "the third space" [Homi Bhaba, *The Location of Culture* (New York: Routledge, 1994)] to describe people located between or among cultural identities. This "third space," according to Bhaba, is emancipating in that cultural meanings "can be appropriated, translated, rehistoricised and read anew." While emphasizing the possibilities generated by the new hybrids, others suggest that pluralism and multiculturalism may not be emancipating, e.g., AlSayyad's "third place" [Nezar AlSayyad, *Hybrid Urbanism: On the Identity Discourse and the Built Environment* (Westport, CT: Greenwood, 2001)]. As a method, George E. Marcus recommends "multi-sited ethnography" [George E. Marcus, *Ethnography through Thick and Thin* (Princeton, NJ: Princeton University Press, 1998)]. See also Artur Aldama on "cultural hybridity" and Daniel Arreola on "border cities."
24. Anna Lowenhaupt Tsing, *In the Realm of the Diamond Queen*, 37.
25. Michel Serres, *The Natural Contract*, trans. E. MacArthur and W. Paulson (Ann Arbor, MI: University of Michigan, 1995).
26. Renato Rosaldo, *Culture and Truth* (New York: Beacon, 1989), 208.
27. bell hooks, "Choosing the Margin," in *Yearning* (Toronto: Between-the-Lines, 1990), 152.
28. German sociologist Ulrich Beck raises similar issues in his discussions of "second modernity" and "reflexive modernity" [Ulrich Beck, *Risk Society: Towards a New Modernity*, Trans. Mark Ritter (London: Sage Publications, 1992) (1st edition, 1986); Ulrich Beck, Wolfgang Bonss, and Christoph Lau, "The Theory of Reflexive Modernization," *Theory Culture & Society*, 20 (2) (April 2003): 1–34].
29. Frampton, *Modern Architecture*, 327.
30. Frampton, "Toward an Urban Landscape," 91.
31. Richard Sennett, "The Powers of the Eye," in *Urban Revisions: Current Projects for the Public Realm*, comp. Elizabeth A. T. Smith (Cambridge, MA: MIT Press, 1994), 59–69.
32. This attention to the edge has nothing to do with the building of "edge cities," which instead of breaking down barriers, create new ones.
33. Deleuze and Guattari, *A Thousand Plateaus* and *Anti-Oedipus*.
34. From *Anti-Oedipus*.
35. Charlene Spretnak (*States of Grace*. New York: HarperCollins, 1991), 19–20.
36. Cited in Michael Kimmelman, "Interview with Howard Gardner," *New York Times*, February 14, 1999.
37. Arthur Erickson, "Shaping," in *The City as Dwelling*, ed. Arthur Erickson, William H. Whyte, and James Hillman (Dallas: Dallas Institute of Humanities and Culture, 1980): 23, emphasis mine.
38. Quantum mechanics, developed during the first half of the twentieth century by Einstein and others, produced a revolution in thinking about cosmology, from a cause and effect machinelike universe to an understanding that all things are related and interconnected.
39. Manuel De Landa, *One Thousand Years of Nonlinear History* (New York: Zone Books, 1998).

40. Steven Johnson, *Emergence: The Connected Lives of Ants, Brains, Cities and Software* (New York: Penguin, 2001).
41. Among urban developers, this threat to previously clear boundaries has incited an anxious effort to obscure "an increasingly pervasive pattern of hierarchical relationships among people and orderings of city space" with "a cloak of calculated randomness," as demonstrated by the plan to revitalize New York City's Times Square [Peter Marcuse, "Not Chaos, But Walls: Postmodernism and the Partitioned City," in *Postmodern Cities and Spaces*, ed. Sophie Watson and Katherine Gibson (Oxford, UK: Blackwell, 1995), p. 243]. Among the public at large, a reflex has been the atavistic marking of one's turf with walls, gates, and prohibitions, lending a new and eerie resonance to Max Weber's "iron cage" metaphor (*The Protestant Ethic and the Spirit of Capitalism*). These are both clearly reactive responses.
42. Steven Holl, for instance, asserts: "A new architecture must be formed that is simultaneously aligned with transcultural continuity and with the poetic expression of individual situations and communities. Expanding toward an ultra-modern world of flow while condensed into a box of shadows on a particular site, this architecture attempts William Blake's, 'to see the universe in a grain of sand.' The poetic illumination of unique qualities, individual culture and individual spirit reciprocally connects the transcultural, transhistorical present" (Web site).
43. See Ellin, *Postmodern Urbanism*, Ch. 7.
44. Project for Public Spaces, "Letter to the *New York Times*," July 2004.
45. Heidegger (1971: 356), originally delivered to a group of architects after the Second World War.
46. Jacobs and Appleyard, 114.
47. Gordon Cullen, *The Concise Townscape* (New York: Reinhold, 1961).
48. "Postwar humanist rebellion" is Tzonis and Lefaivre's term ("Beyond Monuments").
49. Bakema (1946), cited in Tzonis and Lefaivre, "Beyond Monuments."
50. At a 1955 CIAM gathering, cited in Tzonis and Lefaivre, "Beyond Monuments."
51. See Ellin, *Postmodern Urbanism*.
52. Paralleling the shift from "ego boundaries" in understanding ourselves, this concept of the urban boundary as connector rather than divider, as the place where relationships take place, is variously articulated. For landscape architect James Corner, "rather than separating boundaries, borders are dynamic membranes through which interactions and diverse transformations occur. In ecological terms, the edge is always the most lively and rich place because it is where the occupants and forces of one system meet and interact with those from another." Corner's method of "field operations," his alternative to the master plan "enable alternative ideas and effects to be played out through conventional filters" and provide "ways in which borders (and differences) may be respected and sustained, while potentially productive forces on either side may be brought together into newly created relationships. Thus, we shift from a world of stable geometric boundaries and distinctions to one of multidimensional transference and network effects" [James Corner, "Field Operations," in *Architecture of the Borderlands, AD* 69, ed. Teddy Cruz and Anne Boddington (New York: John Wiley & Sons, 1999), 53–55].
53. Angelil and Klingmann, "Hybrid Morphologies," 24.
54. Pollak maintains: "Conceiving of landscape as layers rather than an unbroken surface supports the construction of an urban landscape as an overlay of scales that is understood in section as well as plan and in time as well as space. Cutting through multiple layers of urban information supports a project whose formal result is not a stylistic signature, but an intersection of concerns, intensities and modes of inhabitation," [Linda Pollak, "City-Architecture-Landscape: Strategies for Building City Landscape," *Daidalos* (1999): 48–59].
55. Berrizbeitia and Pollak, *Inside Outside*.

56. Allen Web site. Allen elaborates: "Its primary modes of operation are: 1. The division, allocation and construction of surfaces; 2. The provision of services to support future programs; 3. The establishment of networks for movement, communication and exchange ... Infrastructures allow detailed design of typical elements or repetitive structures, facilitating an architectural approach to urbanism. Instead of moving always down in scale from the general to the specific, infrastructural design begins with the precise delineation of specific systems within specific limits. Unlike other models (planning codes or typological norms for example) that tend to schematize and regulate architectural form, and work by prohibition, the limits to architectural design in infrastructural complexes are technical and instrumental."
57. Ibid. Allen elaborates: "Although static in and of themselves, infrastructures organize and manage complex systems of flow, movement and exchange. Not only do they provide a network of pathways, they also work through systems of locks, gates and valves — a series of checks that control and regulate flow ... Infrastructural systems work like artificial ecologies. They manage the flows of energy and resources on a site, and direct the density and distribution of habitat. They create the conditions necessary to respond to incremental adjustments in resource availability, and modify status of inhabitation in response to changing environmental conditions ... In infrastructural urbanism, form matters, but more for what it can do than for what it looks like."
58. In 1997, Charles Waldheim mounted a Landscape Urbanism exhibition and launched a Landscape Urbanism program at University of Illinois in Chicago. The description of this program reads: "Dialectical oppositions of city and nature are critiqued in favor of an understanding of both 'natural' and 'built' environments as networks of socially constructed and culturally relative representations." Landscape Urbanism programs have also been developed at Notre Dame University and the Architectural Association (London). Issues of *Daidalos* 73 (1999), "Landscapes," *Praxis* 4 (2002), and *Architectural Design* (March/April 2004) have been devoted to this topic.
59. As Graham Shane recounts, "Landscape ecology grew up as an adjunct of land planning in Germany and Holland after the Second World War, reaching America only in the 1980s ... In America during the 1990s, European land management principles merged with post-Darwinian research on island biogeography and diversity to create a systematic methodology for studying ecological flows, local biospheres, and plant and species migrations conditioned by shifting climatic and environmental factors (including human settlements). Computer modeling, Geographic Information Systems, and satellite photography formed a part of this research into the patches of order and patterns of "disturbances" (hurricanes, droughts, floods, fires, ice ages) that help create the heterogeneity of the American landscape" [Graham Shane, "The Emergence of 'Landscape Urbanism," *Harvard Design Review* 19 (Fall 2003/Winter 2004): 13–20].
60. Many aspects of landscape ecology have been adopted and adapted to urban design. Drawing from Forman's *Land Mosaics*, these include the notion that "Like all living systems (those containing life), the landscape exhibits structure, function, and change" (5). Adopted words and phrases include *corridor*, a strip of a particular type that differs from the adjacent land on both sides that may serve as conduit, barrier, or habitat (38) and *boundary*, a zone composed of the edges of adjacent ecosystems (85). In contrast to the gradient, an *ecotone* features a "sharp change in species distributions, or a congruity in the distributional limits of species. Species present in an ecotone are intermixed subsets of the adjacent communities." (85). The portion of an ecosystem near its perimeter where influences of the surroundings prevent development of interior environmental conditions is an *edge*. An edge effect refers to the distinctive species composition or abundance in this outer portion. Forman distinguishes edge, boundary, and ecotone, saying: "Each landscape element contains an edge, the outer area exhibiting the edge effect, i.e., dominated by species found only or predominantly near the border [which is] the line separating the edges of adjacent landscape elements. The two edges combined compose the boundary or boundary zone. When species distributions within the boundary zone change progressively or from side to side, analogous to a compressed gradient, this describes an

ecotone" (85). The word *connectivity* is defined in landscape ecology as a measure of how connected or spatially continuous a corridor, network, or matrix is. The fewer gaps, the higher the connectivity. Functional or behavioral connectivity refers to how connected an area is for a process, such as an animal moving through different types of landscape elements. A *matrix* is the background ecosystem or land-use type in a mosaic, characterized by extensive cover, high connectivity, or major control over dynamics. *Mosaic* refers to the spatial heterogeneity found at all spatial scales from submicroscopic to the planet and universe. Land mosaics are at the human scale: landscapes, regions, and continents. Mosaics are patterns of patches, corridors, and matrix, each composed of small similar aggregated objects, forming distinct boundaries. Without energy input, a landscape becomes disorganized (second law of thermodynamics). But thanks to solar energy, land is always organized by spatial heterogeneity of different adaptive land forms. It may consist entirely of patches or of patches and corridors, but not of only corridors. The alternative to a mosaic is a *gradient*, where there is gradual variation over space in the objects present with no boundaries, patches or corridors, as in a rainforest. But this is rare (pp. 4 and 38). A *network* is an interconnected system of corridors. *Patch*: "an ecologically optimum patch shape usually has a large core with some curvilinear boundaries and narrow lobes, and depends on orientation angle relative to surrounding flows" (515). *Nodes* are patches attached to corridors. *Sustainability* is the condition of maintaining ecological integrity and basic human needs over human generations.

61. James Corner, "Highline/Fresh Kills and Other Projects," in *Landscape Urbanism* (Institute of Urban Design, New York, 2004).
62. Jacques Derrida, *Margins of Philosophy*, trans. A. Bass (London: Harvester Press, 1982), 14 (1st edition, 1972).
63. See Capra, *The Web of Life*, and Center of Ecoliterary Web site.
64. Preface to *Obra poetica* (Emece Editores, 1989).
65. Josef Albers, *Interaction of Color* (New Haven: Yale University Press, 1975) (1st edition, 1963).
66. Karsten Harries, *The Ethical Function of Architecture* (Cambridge, MA: MIT Press, 1998).
67. See Ellin, *Architecture of Fear*.
68. Lars Lerup, *After the City* (Cambridge, MA: MIT Press, 2000).
69. Charles Landry, *The Creative City* (London: Earthscan, 2000).
70. Louis Sullivan's "form follows function" (1896) seems to be widely interpreted instrumentally although it appears he understood function more subjectively. For Sullivan, form was the language or means to express the infinite creative spirit.
71. Paul Lewis, Marc Tsurumaki, and David J. Lewis. *Situation Normal*, Pamphlet Architecture 21 (New York: Princeton Architectural Press, 1998), 12–13.

AUTHENTICITY

1. Pico Iyer has described the cosmopolitan as follows: "Seasoned experts at dispassion, we are less good at involvement, or suspension of disbelief ... We are masters of the aerial perspective, but touching down becomes more difficult." ("Nowhere Man: Confessions of a Perpetual Foreigner" Utne Reader May-June 1997, 78–9.)
2. This is the subject of my book *Postmodern Urbanism*.
3. Ellin, *Postmodern Urbanism*.
4. Ibid.
5. Jay Walljasper, *Project for Public Spaces Newsletter*, September 2004.
6. Ellin, *Postmodern Urbanism*.
7. This is the subject of Ellin, *Architecture of Fear*.
8. Neil Peirce, "Neighborhoods Closing Doors," *Washington Post Writers Group*, July 15, 2005.

9. Ralph Rugoff, "L.A.'s New Car-tography," *LA Weekly*, October 6, 1995.
10. Herbert Muschamp, "You Say You Want an Evolution? OK, Then Tweak," *New York Times*, April 13, 2004.
11. This symposium took place in Savannah, Georgia.
12. Spretnak, *The Resurgence of the Real.*
13. See, e.g., Ada Louise Huxtable, *The Unreal America: Architecture and Illusion* (New York: Penguin, 1997) and Neil Leach, *The Anaesthetics of Architecture* (Cambridge, MA: MIT Press, 1999).
14. Rem Koolhaas, "Bigness: or the Problem of Large" in *SMLXL.*
15. Liane Lefaivre, "Dirty Realism in European Architecture Today," *Design Book Review* 17 (Winter 1989): 18.
16. Lewis, Tsurumaki, and Lewis (Situation Normal, 8). They apply Michel de Certeau's idea of tactics from *The Practice of Everyday Life* (1970s), which "turn the logic of the strategy against itself within the space established by that strategy" (5), i.e., they conspire with reality.
17. Deborah Berke, "Thoughts on the Everyday," in *Architecture of the Everyday*, ed. Steven Harris and Berke (New York: Princeton Architectural Press, 1997), 226.
18. In Kelbaugh, *Michigan Debates on Urbanism I*, 36.
19. A point made by Robert Fishman in Kelbaugh, *Michigan Debates on Urbanism.*
20. See definition of live theory in Rem Koolhaas, "Bigness: or the Problem of Large" in *SMLXL.*
21. When municipalities create Tax Increment Financing Districts, they can retain a portion of property or sales tax (or both) from new development within that district for a predetermined number of years and use this revenue for new development in the district.
22. Eames's *Powers of 10* documentary (1977) powerfully demonstrated the relation between everyday picnics and cosmic mystery.
23. See Ellin, *Postmodern Urbanism*, 126–29.
24. B. Joseph Pine, II, and James H. Gilmore, *The Experience Economy: Work Is Theatre and Every Business a Stage* (Cambridge, MA: Harvard Business School, 1999).
25. Robert Jay Lifton, *The Protean Self: Human Resilience in an Age of Fragmentation* (Chicago: University of Chicago Press, 1993), 1.
26. David Whyte, *Crossing the Unknown Sea: Work as a Pilgrimage of Identity* (New York: Penguin, 2002), 24–25.
27. Psychologist Alice Miller contends that such self-deception has dangerous social implications saying, "Individuals who do not want to know their own truth collude in denial with society as a whole, looking for a common 'enemy' on whom to act out their repressed rage." She maintains, "The future of our democracy and democratic freedom depends on our capacity to ... recognize that it is simply impossible to struggle successfully against hatred outside ourselves, while ignoring its messages within ... *Consciously experiencing our legitimate emotions is liberating*, not just because of the discharge of long-held tensions in the body but above all because it opens our eyes to reality (both past and present) and frees us of lies and illusions" [Alice Miller, *The Drama of the Gifted Child: The Search for the True Self* (New York: Basic Books, 1997), 114–16 (1st edition 1979)].
28. Cited by Liane Lefaivre and Alexander Tzonis, *Aldo van Eyck Humanist Rebel.*
29. Città Slow or the Slow City Movement grew out of and extends the Slow Food movement (in reaction to "fast food") both starting in Italy. A Cittaslow is one where there is a desire to implement an environmental policy that nurtures the distinctive features of that town or city and its surrounding area, and focuses on recycling and recovery; put in place infrastructure that will make environmentally friendly use of land, rather than just put up buildings on it; encourage the use of technology that will improve the quality of air and life in the city; support the production and consumption of organic foodstuffs; eschew genetically modified products; put in place mechanisms to help manufacturers of distinctive local produce that get into financial difficulty; protect and promote products

that have their roots in tradition; reflect a local way of doing things; help to make that particular area what it is; facilitate more direct contact between consumers and quality producers through the provision of designated areas and times for them to come together; remove any physical obstructions or cultural obstacles that might prevent full enjoyment of all that the town has to offer; make sure that all inhabitants — not just those involved in the tourist trade — are aware of the fact that this is a Cittaslow, focusing particularly on the next generation by encouraging learning about food and where it comes from; encourage a spirit of genuine hospitality toward guests of the town. The Mayor of Oriveto, Stefano Cimichchi, is president of the Slow City movement. In Italy, eighteen towns and cities have been certified as Città Slow and many others are awaiting certification. See http://www.cittaslow.net/world/ and www.cittaslow.com.

30. Carl Honoré, *In Praise of Slowness* (New York: HarperCollins, 2004): 146. For more on slowness and simplicity, see Ellin, *Postmodern Urbanism*, 1–2.
31. Berlage Institute, "What Will the Architect Enact Tomorrow?" *Public Events* (Autumn 2002/03).
32. For example, University of Pennsylvania's PennDesign and ASU's College of Design.
33. Landry, *The Creative City*, 7.
34. Spacecity listserv, 2005, space-city-events@space-city.net.
35. Albert Borgmann, *Crossing the Postmodern Divide* (Chicago: University of Chicago Press, 1993), 119–20. He also refers to "eloquent reality": "On the other side of hyperreality and its supporting mechanical and marginal reality lies eloquent reality. It speaks in its own right and in many voices. It speaks in asides and in sermons. At times it troubles and threatens, at other times it consoles and inspires. An approximate and familiar appellation for 'eloquent' is 'natural' or 'traditional.' Premodern reality was entirely natural and traditional, and typically it was locally bounded, cosmically centered, and divinely constituted. Postmodern reality is natural and traditional only in places where hyperreality and its mechanical supports have left openings. On closer inspection, the line between hyperreality and eloquent reality turns out to be heavily reticulated. Hyperreality is like a thickening network that overlies and obscures the underlying natural and traditional reality ... There are yet generous openings for eloquent reality" (119).
36. Neil Everden in *The Natural Alien: Humankind and the Environment* (1985), cited by Dennis Doordan, "Simulated Seas: Exhibition Design in Contemporary Aquariums," *Design Issues* 11 (2) (Summer 1995).
37. Architect Dennis Doordan attempts to enable this experience through design.
38. Spretnak suggests turning to wisdom traditions such as Buddhism, Native American spirituality, Goddess spirituality, and the Semitic traditions, which can "help us to nourish wonder and hence to appreciate difference, the unique subjectivity of every being and community, thereby subverting the flattening process of mass culture. Such awareness keeps hope alive. It protects consciousness from becoming so beaten down that it loses a grasp of what is worth fighting to defend" (Spretnak, *States of Grace*, 223).
39. Angeles Arrien, *The Four-Fold Way* (San Francisco: Harper, 1993).
40. Beatley offers numerous suggestions for reconnecting with places and people including natural guidebooks offered to new residents, place-based celebrations and art, and neighborhood tool banks [Timothy Beatley, *From Native to Nowhere: Sustaining Home and Community in a Global Age* (Washington, D.C.: Island Press, 2004)].

VULNERABILITY

1. Le Corbusier's "*machines à habiter*."
2. See page 2 about Louis Sullivan's true meaning of "form follows function." There were exceptions over the last century found, for instance, in the work of Aldo Van Eyck, Constantinos Doxiadis,

Shadrach Woods, and the Situationists. See Lefaivre and Tzonis, *Aldo van Eyck Humanist Rebel* "Beyond Monuments," and Tzonis, "Pikionis and the Transvisibilty."

3. Pat Morton explains in "Getting the 'Master' Out of the Master Plan" [*Los Angeles Forum of Architecture and Urban Design* (October 1994): 2]: "The 'Master Plan' is designed by a 'master,' always a male in the canonical conception of the phrase, who single-handedly envisions a brave new world, conceived in largely formal terms that can be uniformly applied to all sectors of the city. The masculinist construction of urban design as the production of a solitary genius is embedded in this phrase. There are many problems with this conception of planning. First, the Master Plan presupposes that a city can be designed like a building; that is, that urban forms are equivalent to architectural form, on a larger scale. Second, the Master Plan presumes that a single person or group of people can produce forms that anticipate or allow for the city's future and meet the needs of its inhabitants. And, last, the Master Plan is predicated on the idea that the city must be controlled in this overarching manner, that overall urban planning is necessary both to solve the city's problems and to provide for its future." Kathryn Milun reminds us that we were warned over one century ago by George Simmel that "the metropolitan citizen's need to make rationality the dominant approach to all social encounters in public space would produce its own pathology" (manuscript of Milun).
4. Jusuck Koh also emphasizes the importance of process and complementarity in design [Jusuck Koh, "Ecological Reasoning and Architectural Imagination," Inaugural Address, Wageningen University, The Netherlands, November 11, 2004].
5. Kostof, *The City Assembled*, 305.
6. Shadrach Woods (1964), cited by Tzonis and Lefaivre, "Beyond Monuments."
7. Noriaki Kurokawa (1964), cited by Tzonis and Lefaivre, "Beyond Monuments."
8. The ecological threshold as metaphor for urban interventions has been suggested by Sennett ("The Powers of the Eye," 69), Berrizbeitia and Pollak, and Corner, among others.
9. The Project for Public Spaces articulates this attitude saying: "instead of approaching the city through the lens of a complex, heavy-handed one-size-fits-all master plan, we should view it as an agglomeration of neighborhoods, each of which contains key places that can have a substantial impact in improving quality of life" (*Project for Public Spaces Newsletter*, November 2004).
10. Bruce Mau, "An Incomplete Manifesto for Growth," *I.D.* (March/April 1999).
11. This point is eloquently made by Milun in *Pathologies of Modern Space.*
12. Cited by Milun, from "Preface" to Roger Friedland and Deirdre Boden, eds., *Nowhere: Space, Time, and Modernity (University of California, 1994).*
13. Space-time as a single entity developed as a twentieth-century modern concept (in physics), with points of space-time referred to as "events." Tschumi was referring to this at La Villette with his "evenements."
14. See, e.g., the work of Linda Pollak, Mark Angelil and Anna Klingmann, Raoul Buschoten, Winy Maas of MVRDV, Ben van Berkel and Caroline Vos, and Rem Koolhaas. Describing this shift to viewing places dynamically, Alex Wall says, "familiar urban typologies of square, park, district, and so on are of less use or significance than are the infrastructures, network flows, ambiguous spaces, and other polymorphous conditions that constitute the contemporary metropolis" (Wall, "Programming the Urban Space").
15. Van Berkel and Bos, "Rethinking Urban Organization," 73.
16. Allen Web site.
17. Holl Web site.
18. Koh, "Success Strategies for Architects," 14.
19. Koolhaas, "Whatever Happened to Urbanism?" *SMLXL*, 969.
20. Deleuze and Guattari, *A Thousand Plateaus.*
21. Ignasi de Sola Morales describes "urban acupuncture" as catalytic small-scale interventions that are realizable within a relatively short period of time and capable of achieving maximum impact on

immediate surroundings [Kenneth Frampton, "Seven Points for the Millenium: An Untimely Manifesto," *Architectural Record* (August 1999): 15].

22. Tom Wiscombe, "The Haptic Morphology of Tentacles," in *BorderLine*, ed. Woods and Rehfeld (Austria: Springer-Verlag/Wien and RIEAeuropa, 1998).
23. This distinction resembles those made by Deleuze and Guattari (*A Thousand Plateaus*) between "striated" and "smooth" or "molar" and "molecular" lines.
24. Thomas Moore, *Care of the Soul* (New York: HarperCollins, 1992), 247.
25. Moore, *Care of the Soul*, 92, 94, 235, 246–47.
26. Richard Ingersoll, "Landscapegoat," in *Architecture of Fear*, ed. Nan Ellin (New York: Princeton Architectural Press, 1997), 253–59.
27. Tadao Ando (1991) acceptance speech for Arnold W. Brunner Memorial Prize.
28. Yoshio Taniguchi cited by Suzannah Lessard, in *New York Times Magazine* April 12, 1998.
29. David Pearson, *New Organic Architecture* (London: Gaia Books, 2001). A charter for organic architecture and design proposed by David Pearson holds that it should be inspired by nature and sustainable, healthy, conserving, and diverse; unfold, like an organism, from the seed within; follow flows and be flexible and adaptable; satisfy social, physical, and spiritual needs; "grow out of the site" and be unique; celebrate the spirit of youth, play, and surprise; and express the rhythm of music and the power of dance.
30. Jim Fournier, "Meta-Nature," Fournier Web site, 1999.
31. Christopher Alexander, *A New Theory of Urban Design* (New York: Oxford University Press, 1987).
32. De Sola-Morales's "urban acupuncture" is referred to by Frampton, "Seven Points for the Millenium."
33. See Bernard Tschumi, *Architecture and Disjunction* (New York: Princeton Architectural Press, 1994).
34. Speaks, "Big Soft Orange." The compilation *Breathing Cities* profiles architectural practices engaged in designing for dynamism, sometimes regarding the city as a living and breathing organism [Nick Barley, ed., *Breathing Cities: The Architecture of Movement* (Cambridge, MA: Birkhauser, 2000)].
35. See Bart Lootsma, *SuperDutch* (New York: Princeton Architectural Press, 2000).
36. Speaks, "Big Soft Orange," 92.
37. Ruby.
38. Andreas Ruby, "The Scene of the Scenario," *hunch* 8 (2004): 95–96.
39. This paragraph draws from Ruby, "The Scene of the Scenario." Summarizing Bunschoten and students' approach, Ruby says, "They use a descriptive parameter of the existing situation for the latter's future transformation."
40. See Nan Ellin, "In Search of a Usable Past: Urban Design and Society in a French New Town" (Ph.D. dissertation, Columbia University, 1994).
41. Kathryn Milun (acknowledging Leonie Sandercock) maintains: "Instead of managing fear as urban reformers have for the past century and a half, since Haussmann, by rendering the city transparent and orderly, creating parks and playgrounds and other 'civilizing urban facilities' (as if by controlling space we could control the subjectivities produced in that space), these critics propose a 'therapeutic approach' (in the psychoanalytic sense of creating a dialogue) wherein a city planner begins by acquiring a deep understanding of the cultural differences that are behind projections of urban fears. The therapeutic approach asks the urban planner to work as an anthropologist would, hanging out, talking with people and generally studying the cultural differences that have provoked fear in dominant groups and anger, mistrust and misunderstanding among minority groups. With the aim of enabling cross-cultural understanding, the city planner then creates safe spaces for antagonistic parties (the 'strangers' and the dominant others) to discuss their concerns and negotiate a solution. Different communities will negotiate different solutions and a city planned in these bottom up ways where middle-class, majority values do not silence the differences of the 'strangers' will be a city of great diversity, fostering cross-cultural awareness, tolerance and, importantly, new kinds of zoning, new kinds of public spaces"

(Milun, *Pathologi*). There are many examples. Television programs and movies often feature the process of making them (in the opening credits, throughout, or as a separate product). The British- produced *1900 House*, a four-part miniseries tracking a real family selected from four hundred applicants to live a Victorian lifestyle for three months, devoted its first episode to the process of selecting the family and refurbishing the house. Movies are devoted to the process of making movies. Performance art shuns the material products or object in favor of the experienced process.

42. There are many examples. Television programs and movies often feature the process of making them (in the opening credits, throughout, or as a separate product). The British-produced *1900 House*, a four-part miniseries tracking a real family selected from four hundred applicants to live a Victorian lifestyle for three months, devoted its first episode to the process of selecting the family and refurbishing the house. Movies are devoted to the process of making movies. Performance art shuns the material products or object in favor of the experienced process.
43. Maki, for instance, sought to achieve a dynamic equilibrium between the "parts" and the "whole."
44. Venturi, *Complexity and Contradiction in Architecture*, 22.
45. Tzonis and Lefaivre, "Beyond Monuments."
46. See Ellin, *Postmodern Urbanism*.
47. In Thomas Moore, *Care of the Soul*, 258.
48. Ibid., 262.
49. Reyner Banham, *Theory and Design in the First Machine Age* (Cambridge, MA: MIT Press, 1980) (1st edition 1960).
50. There have been earlier versions of this discussion. Paul Klee maintained that art should be experienced as a process of creation, not just a product (1944). Hans Scharoun considered open systems or the "unfinished" essential in designing cities that should be responsive to prevalent tendencies (Angelil and Klingmann, "Hybrid Morphologies," 21–22). Charles Eames asserted that "Art is not a product. It is a quality" (1977). Millennia prior, Heraclitus contended that reality is ever-changing while Parmenades argued that all change is illusory.
51. John Friedmann, *Planning in the Public Domain: From Knowledge to Action* (Princeton, NJ: Princeton University Press, 1987), 413–15.
52. Harries, *The Ethical Function of Architecture*, 264.
53. Martin Heidegger, "Building, Dwelling, Thinking," in *Poetry, Language, Thought*, trans. A. Hofstadter (New York: Harper and Row, 1971).
54. Gert Staal, "Introduction," in *Copy©Proof: A New Method for Design and Education*, ed. Edith Gruson and Gert Staal (Rotterdam: 010 Publishers, 2000), 17.
55. I first taught this in 2005 after using variations on this format for a Community Works (service learning) seminar at the University of Cincinnati (1996–98) and for a course called Culture of Space (2003–present).
56. Supporting all of these points, the American Institute of Architects Student Chapter advanced "A New Program for the Design of Studio Culture" in 2002. It asserted that studio culture should promote design-thinking skills; design process as much as design product; collaboration over competition; meaningful community engagement and service; the importance of people, clients, users, communities, and society in design decisions; interdisciplinary and cross-disciplinary learning; confidence without arrogance; oral and written communication to complement visual and graphic communication; healthy and constructive critiques; healthy and safe lifestyles for students; balance between studio and nonstudio courses; emphasis on the value of time; understanding of the ethical, social, political, and economic forces that impact design; clear expectations and objectives for learning; an environment that respects and promotes diversity; successful and clear methods of student assessment; and innovation in creating alternative teaching and learning methodologies.

Speaking more generally about architectural education, Rachel Sara reiterated some of these concerns and expressed others in "A Manifesto for Architectural Education." Sara recommends that we conduct ongoing reviews after the criticism; develop communication and interpersonal skills; diminish the power of teacher over student; promote cooperative learning; introduce others into the studio; prioritize inclusive design; educate critical thinkers; allow for self-responsibility in learning; prioritize learning over teaching; value students prior experience; implement interdisciplinary learning; allow students to move into other careers; enable critical reflection; value process as well as product; value the everyday; promote empathy; provide a nurturing environment; counter the genius myth; introduce context and contingency; acknowledge the role of values and ethics; and study in spaces which reflect the pedagogy.

57. Michel Serres calls our understanding of the world in terms of binary oppositions the "dualistic hell" (1995b). Niels Andersen, a former student from Denmark, wrote (in a paper for Beyond Postmodern Urbanism seminar, Fall 2002): "We have, in other words, failed to see that without the evil sisters, there would be no Cinderella, and therefore obviously no fairytale ... the design process grows from the problem, and the beauty of the blooming flower can only be articulated from the potentials within."

SLASH CITY (/CITY)

1. Given the importance of new information technologies for this moment in urbanism, we might be inclined to describe it as the "backslash" city or architecture.
2. Henry Jenkins, *Textual Poachers: Television Fans and Participatory Culture* (New York: Routledge, 1992), 162, cited in www.chisp.net, "In Defense of Slash."
3. Slashing often supposes a homoerotic relationship between characters intended to be heterosexual. Probably the most slashed couple of all is *Star Trek*'s Spock and Kirk.

CONCLUSION

1. Susan S. Szenasy, "(Re)defining the Edge," Bruce Goff Lecture, University of Oklahoma, September 8, 2004.
2. Jacobs, *The Nature of Economies.*
3. As suggested by sociologist Manuel Castells, *The Network Society.*
4. See Ellin, "Crisis in the Architectural Profession," in *Postmodern Urbanism.*
5. Dunham-Jones continues: "Is it a coincidence that while the suburbs have been experiencing tremendous expansion, architectural discourse shifted from the 1950s and '60s focus on practice to the 1970s and '80s focus on theory? ... Theory-oriented designers claimed the high road as they declared their autonomy from context and commerce, staking positions from which to critique the wider culture. Architectural theorists, in particular, have become increasingly isolated from both practice and the dominant landscape of everyday life" ("Seventy-Five Percent").
6. Vincent Pecora, "Towers of Babel," in *Out of Site*, ed. Diane Ghirardo (Seattle: Bay Press, 1991), 48.
7. Lee Mitgang and Ernest Boyer, *Building Community: A New Future for Architectural Education and Practice* (Pittsburgh, PA: Jossey-Bass, Carnegie Foundation, 1996).
8. As Szenasy says, "The university ought to be on the leading edge of collaborative work, but for that to happen, the silos of academia must fall" ["(Re)defining the Edge"].
9. Benzel, 1997.
10. See David Orr ["The Education of Designers," *ACSA Newsletter* (January 2001)], Timothy Beatley (*From Native to Nowhere*), and Richard Louv [*Last Child in the Woods: Saving our Children from Nature-Deficit Disorder* (Chapel Hill, NC: Algonquin Books, 2005)].

11. "New Ways to Learn" in *Byte*, March 1995.
12. *ACSA Newsletter*, October 1999, 18, call for submissions to ACSA Technology Conference July 2000, "Emerging Technologies and Design: The Intersection of Design and Technology," Co-Chairs, William Mitchell and John E. Fernandez.
13. The Shashi Caan Collective is one example. The Collective is structured to allow talent of all disciplines to come together when the individuals are available in order to address specific design goals. Caan is involved with every project and constitute teams to optimize and actualize the full potential of the opportunity, similar to how a film is made.www. innovationspace.asu.edu.
14. From Web site for InnovationSpace at Arizona State University.
15. In Kelbaugh, *Michigan Debates on Urbanism II*, 68.
16. Landry, *The Creative City*, xiii. Although Jacobs' "human capital theory" posited that people drive economic growth decades ago, it is only with Florida's "creative capital theory" that this notion has become more widely accepted.
17. See Smolin. (Referenced in Overbye.)
18. Art critic Suzi Gablik, for instance, observes a "change in the general social mood toward a new pragmatic idealism and a more integrated value system that brings head and heart together in an ethic of care" (1993: 11).
19. Mary Catherine Bateson, *Composing a Life* (New York: Grove Press, 1990).
20. See, e.g., the Comer School Development Program.
21. Schwartz on James Rutt [John Schwartz, "Internet 'Bad Boy' Takes On a New Challenge" *New York Times*, April 23, 2001].
22. Jim Fournier, presentation at Paradox III conference at Arcosanti, 2001.
23. Kisho Kurokawa, *Intercultural Architecture: The Philosophy of Symbiosis* (Washington D.C.: AIA, 1991).
24. Holl Web site.
25. See Ellin, *Postmodern Urbanism*, Ch. 6.
26. This greater intelligence can also be described as our cosmic empathy or anima mundi, nurturer of life in the cosmos (Spretnak, *The Resurgence of the Real*, 78).
27. Muschamp, "The Polyglot Metropolis."
28. Robert Campbell, "Why Don't the Rest of Us Like Buildings that Architects Like?" *Bulletin of the American Academy* (Summer 2004), 22–26.
29. See note 23 in "Five Qualities of an Integral Urbanism" above.
30. Reurbanism is a broad category covering everything from high-end examples of "positive redevelopment and revitalization of American cities that is now happening piecemeal" to local architecture with its default urbanism" (Kelbaugh, *Michigan Debates on Urbanism III*, 8–10).
31. Posturbanism is avant-garde and "driven by aesthetics" (Kelbaugh, 2005). Michael Speaks suggests calling it "Not Urban" (Kelbaugh, *Michigan Debates on Urbanism I*, 35).

ADDITIONAL NOTES FOR CHAPTER HEADINGS

Hybridity & Connectivity

Calvino, Italo. *Six Memos for the Next Millennium*, 52.
Carson, Scott. Former Arizona State University student, and currently an architect at George Christiansen Associates, Arizona.
Koolhaas, Rem. cited in *Vogue Magazine*.
Smithson, Alison and Paul Smithson. *The Charged Void: Urbanism*. New York: Monacelli, 2005.
Van Eyck, Aldo. Cited by Tzonis and Lefaivre, "Beyond Monuments," 1999.

Porosity

Alaimo, Stacy. Lecture at Arizona State University, February 6, 2004.

Forster, E. M. *Howard's End.* New York: Modern Library, 1999 (1st edition, 1910).

Hill, Kristina. "A Process Language for Urban Design." *Arcade* 21 (4) (Summer 2003).

Kahn, Louis. Cited by Charles Moore, "Foreward" in *Praise of Shadows*, Jun'chiro Tanizaki. Stony Creek, CT: Leete's Island Books.

Kraft, Sabine. "The City upon the City," Trans. (from German) by Irina Mack (personal translation).

Miyake, Issey. "Issey Miyake: Sewing a Second Skin," *Artforum*, February 1982.

Yamamoto, Akira. *Culture Spaces in Everyday Life: An Anthropology of Common Sense Knowledge.* Lawrence, KS: University Press of Kansas, 1979.

Authenticity

Beck. Quoted by Jon Pareles, "A Pop-Postmodernist Gives Up on Irony" in *New York Times*, November 8, 1998.

Childress, Herb. "Review of Architecture of Fear" in *Environmental and Phenomenology Newsletter*, v. 9, no. 3 (Fall 1998): 7–8.

Hyde, Lewis. Cited by David Foster Wallace cited by Joe Hagan in *New York Times*, March 25, 2001. "Music: A Thinking Slacker's Rock Hero."

Milun, Kathryn. *Pathologies of Modern Space: Empty Space, Urban Anxiety, and the Recovery of the Public Self.* New York: Routledge, 2006.

Stone, Linda, former Microsoft techie. Cited by Ellen Goodman in "The Art of Living Slowly," *Arizona Republic*, August 12, 2005.

Van Eyck, Aldo. Cited by Liane Lefaivre and Alexander Tzonis, *Aldo van Eyck Humanist Rebel: Inbetweening in a Postwar World* (Rotterdam: Uitgeverig, 1999).

Vulnerability

Hood, Walter. "The Hybrid Spaces of Walter Hood," *Land Online*, American Society of Landscape Architects, May 2, 2005.

Koolhaas, Rem. "Bigness: or the Problem of Large" in *SMLXL.*

Serres, Michel. "China Loam," in *Detachment*, trans. Genevieve James and Raymond Federman. Athens, OH: Ohio State University Press, 1989, 11 (1st edition 1986).

Midrash. A Jewish commentary on the Scriptures.

Parsons, Richard D. "Connecting Dots," *New York Times*, June 12, 2005.

Pascal, Blaise. *Pensées and Other Writings*, translated by Honor Levi, with an introduction and notes by Anthony Levi, Oxford: Oxford University Press, 1995.

参考文献

Adams, Robert. "Truth in Landscape." In *Beauty in Photography*. New York: Aperture, 1981.

Alaimo, Stacy. Lecture at Arizona State University. February 6, 2004.

Albers, Josef. *Interaction of Color*. New Haven, CT: Yale University Press, 1975.

Alexander, Christopher. *A New Theory of Urban Design*. New York: Oxford University Press, 1987.

Alexander, Christopher. *A Pattern Language*. New York: Oxford University Press, 1977.

Alexander, Christopher. "A City Is Not a Tree." Architectural Forum, April 1965, 58–62, May 1965, 58–61.

Allen, Stan. "Los Angeles: 4 (Artificial) Ecologies." *Hunch 1 — The Berlag Institute Report 1998/1999*. Rotterdam: Berlage Institute, This is a journal. 1999, URL added to text footnote 18–23.

Allen, Stan. "Logistical Activities Zone: Users' Manual." www.stanallenarchitect.com.

Allen, Stan. *Points and Lines: Diagrams and Projects for the City*. New York: Princeton Architectural Press, 1999.

AlSayyad, Nezar. *Hybrid Urbanism: On the Identity Discourse and the Built Environment*. Westport, CT: Greenwood, 2001.

Angelil, Marc and Anna Klingmann. "Hybrid Morphologies: Infrastructure, Architecture, Landscape." *Daidalos* 73 (1999): 16–25.

Appleyard, Donald, Kevin Lynch, and J. R. Myer. *The View from the Road*. Cambridge, MA: MIT Press, 1964.

Architectural Design March/April 2004. Special Issue on Landscape Urbanism.

Arrien, Angeles. *The Four-Fold Way*. San Francisco: Harper, 1993.

Baird, George. *The Space of Appearance*. Cambridge, MA: MIT Press, 1995.

Banham, Reyner. *Theory and Design in the First Machine Age*. Cambridge, MA: MIT Press, 1980 (1st edition 1960).

Barley, Nick, ed. *Breathing Cities: The Architecture of Movement*. Cambridge, MA: Birkhauser, 2000.

Barbasi, Albert-Lazlo and Reka Albert. "Emergence of Scaling in Random Networks." Science 286, 509–12. 1999.

Barnett, Jonathan. *Redesigning Cities*. Chicago: American Planning Association, 2003.

Barnett, Jonathan. *The Elusive City*. New York: Harper and Row, 1986.

Barth, John. *Tidewater Tales*. New York: Putnam, 1986.

Bateson, Mary Catherine. *Composing a Life*. New York: Grove Press, 1990.

Beatley, Timothy. *From Native to Nowhere: Sustaining Home and Community in a Global Age*. Washington, D.C.: Island Press, 2004.

Beck, Don E. *Spiral Dynamics: Mastering Values, Leadership, and Change*. Malden, MA: Blackwell, 1996.

Beck, Ulrich. *Risk Society: Towards a New Modernity*. Translated (from German) by Mark Ritter. London: Sage Publications, 1992 (1st edition, 1986).

Beck, Ulrich, Wolfgang Bonss, and Christoph Lau. "The Theory of Reflexive Modernization." *Theory Culture & Society* 20 (2) (April 2003): 1–34.
Bell, Jonathan. *Carchitecture*. Cambridge, MA: Birkhauser, 2001.
Benjamin, Walter. "Naples." In *Reflections*. New York: Schocken, 1986.
Benyus, Janine M. *Biomimicry: Innovation Inspired by Nature*. New York: Perennial, 1998.
Benzel, Katherine. 1997. The Room in Context: Design Without Boundaries. New York: McGraw-Hill.
Bergman, Sunny. *Keeping It Real*. Amsterdam, 2000. Documentary, First Run/Icarus Films, Brooklyn.
Berke, Deborah. "Thoughts on the Everyday." In *Architecture of the Everyday*. Edited by Steven Harris and Berke. New York: Princeton Architectural Press, 1997, 222–26.
Berlage Institute. Spring newsletter, 2005.
Berlage Institute. "What Will the Architect Enact Tomorrow?" *Public Events* (Autumn 2002/03).
Berrizbeitia, Anita and Linda Pollak. *Inside Outside: Between Architecture and Landscape*. Gloucester, MA: Rockport, 1999.
Best, Steven and Douglas Kellner. *Postmodern Theory: Critical Interrogations*. New York: Guilford Press, 1991.
Bhaba, Homi. *The Location of Culture*. New York: Routledge, 1994.
Blum, Andrew. "The Peace Maker." *Metropolis* (August/September 2005): 118–23, 155, 157.
Borges, Jorge Luis. Obra poetica. Emece Editions. 1989.
Borgmann, Albert. *Crossing the Postmodern Divide*. Chicago: University of Chicago Press, 1993.
Caan, Shashi. Personal communication. 2004.
Calthorpe, Peter. *The Next American Metropolis*. New York: Princeton Architectural Press, 1993.
Calthorpe, Peter, William Fulton, and Robert Fishman. *The Regional City: Planning for the End of Sprawl*. Washington, D.C.: Island Press, 2001.
Calvino, Italo. *Invisible Cities*. New York: Harvest/Harcourt Brace Jovanovich, 1978.
Calvino, Italo. *Six Memos for the Next Millennium*. New York: Vintage, 1988.
Campbell, Robert. "Why Don't the Rest of Us Like Buildings that Architects Like?" *Bulletin of the American Academy* (Summer 2004): 22–26.
Capra, Fritjof. Center of Ecoliterary, www.ecoliteracy.org/, 2005.
Capra, Fritjof. *The Web of Life*. New York: Anchor, 1997.
Castells, Manuel. *The Network Society*. North Hampton, MA: Edward Elgar Publishing, 2004.
Castells, Manuel. *The Rise of the Network City*. Cambridge, MA: Blackwell, 2000.
Chase, John, Margaret Crawford, and John Kaliski, eds. *Everyday Urbanism*. New York: Monacelli, 1999.
Childress, Herb. "Review of Architecture of Fear." *Environmental and Phenomenology Newsletter* 9 (3) (Fall 1998): 7–8.
Condon, Patrick. Presentation at "Urbanisms: New and Other," University of California at Berkeley, 2001.
Confurius, Gerrit. "Editorial." *Daidalos* 72 (1999): 4–5.
Corner, James, ed. *Recovering Landscape*. New York: Princeton Architectural Press, 1999.
Corner, James. "Field Operations." In *Architecture of the Borderlands, AD 69*. Edited by Teddy Cruz and Anne Boddington. New York: John Wiley & Sons, 1999, 53–55.
Corner, James. "Highline/Fresh Kills and Other Projects." In *Landscape Urbanism*. New York: Institute of Urban Design, 2004.
Crisp, Barbara. *Human Spaces*. Gloucester, MA: Rockport Publishers, 1998.
Cruz, Teddy and Anne Boddington, eds. *Architecture of the Borderlands, AD 69*. New York: John Wiley & Sons, 1999, 7–8.
Csikszentmihalyi, Mihaly. *Flow: The Psychology of Optimal Experience*. New York: HarperPerennial, 1990.
Cullen, Gordon. *The Concise Townscape*. New York: Reinhold, 1961.
Daidalos 73 (1999).
De Sola-Morales, Ignasi. *Differences: Topographies of Contemporary Architecture*. Cambridge, MA: MIT Press, 1997.

De Landa, Manuel. "Extensive Borderlines and Intensive Borderlines." In *BorderLine*. Edited by Lebbeus Woods and Ekkehard Rehfeld. Austria: Springer-Verlag/Wein and RIEAeuropa, 1998.

De Landa, Manuel. *One Thousand Years of Nonlinear History*. New York: Zone Books, 1998.

Deleuze, Gilles and Felix Guattari. *A Thousand Plateaus*. Minneapolis, MN: University of Minnesota Press, 1980.

Deleuze, Gille and Felix Guattari. Anti-Oedipus: Capitalism and Schizophrenia. University of Minnesota. 1983.

Derrida, Jacques. *Margins of Philosophy*. Translated by A. Bass. London: Harvester Press, 1982 (1st edition, 1972).

Derrida, Jacques. *The Truth in Painting*, Chicago: University of Chicago Press, 1987.

Doordan, Dennis. "Simulated Seas: Exhibition Design in Contemporary Aquariums." *Design Issues* 11 (2) (Summer 1995).

Duffy, Francis. "Designing the Knowledge Economy." 11.

Dunham-Jones, Ellen. "Real Radicalism: Duany and Koolhaas," *Harvard Design Magazine* (Winter/Spring 1997): 51.

Dunham-Jones, Ellen. "Seventy-Five Percent." *Harvard Design Magazine* (Fall 2000): 5–12.

Dunn, Alison and Jim Beach. Personal communication.

Ellin, Nan, ed. *Architecture of Fear*. New York: Princeton Architectural Press, 1997.

Ellin, Nan. "In Search of a Usable Past: Urban Design and Society in a French New Town." Ph.D. dissertation. Columbia University, 1994.

Ellin, Nan. *Postmodern Urbanism, Revised Edition*. New York: Princeton Architectural Press, 1999 (1st edition 1996).

Erickson, Arthur. "Shaping." In *The City as Dwelling*. Edited by Arthur Erickson, William H. Whyte, and James Hillman. Dallas: Dallas Institute of Humanities and Culture,1980.

Fishman, Robert, ed. *New Urbanism: Peter Calthorpe vs. Lars Lerup. Michigan Debates on Urbanism II*. Series edited by Douglas Kelbaugh. Ann Arbor, MI: University of Michigan Press, 2005.

Florida, Richard. *The Rise of the Creative Class*. New York: Basic Books, 2002.

Forman, Richard T. T. *Land Mosaics: The Ecology of Landscapes and Regions*. New York: Cambridge University Press, 1995.

Forster, E. M. *Howard's End*. New York: Modern Library, 1999 (1st edition, 1910).

Fournier, Jim. "Meta-Nature," www.metanature.org, 1999.

Fournier, Jim. Presentation at Paradox III conference at Arcosanti, 2001.

Frampton, Kenneth. *Modern Architecture: A Critical History*. London: Thames and Hudson, 1985 (1st edition, 1980).

Frampton, Kenneth. "Seven Points for the Millennium: An Untimely Manifesto," *Architectural Record* (August 1999): 15.

Frampton, Kenneth. "Toward an Urban Landscape." In *Columbia Documents for Architecture and Theory: D4*. New York: Columbia University Press, 1995.

Friedmann, John. *Planning in the Public Domain: From Knowledge to Action*. Princeton, NJ: Princeton University Press, 1987.

Gablik, Suzie. Reenchantment of Art. New York: Thames & Hudson. 1992.

Gamble, Michael. "Reprogramming Midtown Atlanta." Presented at American Collegiate Schools of Architecture Conference, Baltimore, March 2001.

Gehl, Jan. *Life Between Buildings*. Copenhagen: Danish Architectural Press, 1971.

Gibney, Jr., Frank and Belinda Luscombe. "The Redesigning of America." *Time*, March 20, 2000, 66–75.

Gladwell, Malcolm. *The Tipping Point*. Boston: Back Bay Books, 2002.

Gonzales, Robert, ed. *Aula* (Spring 1999).

Graham, Stephen and Simon Marvin. *Splintering Urbanism*. New York: Routledge, 2001.

Gurian, Elaine Heumann. "Function Follows Form: How Mixed-Used Spaces in Museums Build Community." *Curator* 44 (1) (January 2001): 87–113.

Gurian, Elaine Heumann. "Threshold Fear." In *Reshaping Museum Space*. Edited by Suzanne MacLeod. London: Routledge, 2005.

Harries, Karsten. *The Ethical Function of Architecture*. Cambridge, MA: MIT Press, 1998.

Harris, Steven and Deborah Berke, eds. *Architecture of the Everyday*. New York: Princeton Architectural Press, 1997.

Hartman, Carl. "Seeing the Future of Construction through Translucent Concrete." Associated Press, July 8, 2004.

Harvey, David. *The Condition of Postmodernity*. Cambridge, MA: Blackwell, 1989.

Hawken, Paul, Amory Lovins, and L. Hunter Lovins. *Natural Capitalism*. Boston: Back Bay Books, 2000.

Hawthorne, Christopher. "Captain Koolhaas Sails the New Prada Flagship." *New York Times*, July 15, 2004.

Heidegger, Martin. "Building, Dwelling, Thinking." In *Poetry, Language, Thought*. Translated by A. Hofstadter. New York: Harper and Row, 1971.

Hill, Kristina. "A Process Language for Urban Design." *Arcade* 21 (4) (Summer 2003).

Hillier, B. and A. Penn. "Dense Civilizations: The Shape of Cities in the 21st Century." In *Applied Energy* 43. London: Elsevier, 1989, 41–66.

Hinshaw, Mark. "The Case for True Urbanism." *Planning* (September 2005).

Holl, Steven. Web site.

Honoré, Carl. *In Praise of Slowness*. New York: HarperCollins, 2004. (especially "Cities: Blending Old and New," 87–107).

hooks, bell. "Choosing the Margin." In *Yearning*. Toronto: Between-the-Lines, 1990.

Hough, Michael. *Cities and Natural Process*. New York: Routledge, 1995.

Huxtable, Ada Louise. *The Unreal America: Architecture and Illusion*. New York: Penguin, 1997.

Ingersoll, Richard. "Landscapegoat." In *Architecture of Fear*. Edited by Nan Ellin. New York: Princeton Architectural Press, 1997, 253–59.

Iovine, Julie V. "An Avant-Garde Design for a New-Media Center." In *New York Times*, March 21, 2002.

Iovine, Julie V. "Just How Much Convenience Can a Person Stand?" *New York Times*, January 13, 2000.

Iyer, Pico. "Nowhere Man: Confessions of a Perpetual Foreigner." Utne Reader. May–June 1997. 78–9.

Jacobs, Allan and Donald Appleyard. "Toward an Urban Design Manifesto." *Journal of the American Planning Association*, 1987. 53 (1): 112-20.

Jacobs, Jane. *The Death and Life of Great American Cities*. New York: Vantage, 1961.

Jacobs, Jane. *The Nature of Economies*. New York: Modern Library, 2000.

Jencks, Charles. *Heteropolis*. London: Academy Editions, 1993.

Jencks, Charles and Karl Kropf, eds. *Theories and Manifestos of Contemporary Architecture*. New York: Wiley-Academy, 1997.

Jenkins, Henry. *Textual Poachers: Television Fans and Participatory Culture*. New York: Routledge, 1992.

Johnson, George. "First Cells, Then Species, Now the Web." *New York Times*, December 26, 2000.

Johnson, Philip. "How the Architectural Giant Decided that Form Trumps Function." *New York Times Magazine*, December 13, 1998, 77–78.

Johnson, Steven. *Emergence: The Connected Lives of Ants, Brains, Cities and Software*. New York: Penguin, 2001.

Jones, Tom, Willliam Pettus, and Michael Pyatok. *Good Neighbors: Affordable Family Housing*. New York: McGraw-Hill, 1996.

Katz, Peter. "Form First: The New Urbanist Alternative to Conventional Zoning." *Planning* (November 2004).

Kelbaugh, Douglas. *Repairing the American Metropolis*. Seattle: University of Washington, 2002.

Kelbaugh, Douglas, series ed. *Michigan Debates on Urbanism I, II, and III: Everyday Urbanism (Margaret Crawford v. Michael Speaks)*. Edited by Rahul Mehrotra. *New Urbanism (Peter Calthorpe v. Lars Lerup)*. Edited by Robert Fishman. *Post Urbanism & ReUrbanism (Peter Eisenman v. Barbara Littenberg and Steven Peterson)*. Edited by Roy Strickland. Ann Arbor, MI: University of Michigan, 2005.

Kemp, Mark. *New York Times*, August 9, 1999.

Kenda, Barbara. "On the Renaissance Art of Well-Being: Pneuma in Villa Eolia." *Res* 34 (Autumn 1998).

Kent, Fred. "Great Public Spaces by Project for Public Spaces — Instructive Lessons From Here and Abroad." *Project for Pubic Spaces Newsletter* (2005).

Kent, Fred. Interview. *The Planning Report. 2003.*

Kerr, Laurie. "Greening the Mega-Projects: The MTA and the Second Avenue Line." In *Urban Design Case Studies 1/2*. New York: Urban Design Institute, 2004.

Kimmelman, Michael. Interview with Howard Gardner. *New York Times*. February 14, 1999.

Kinzer, Stephen. "Concerto for Orchestra and Hopeful City." *New York Times*. September 4, 2003.

Knipp, Shirley Cox. "Thinking Outside the Box (Cubicle)." *High Profile Arizona* (Winter 2004): 12, 23.

Kòh, Jusuck. "Ecological Reasoning and Architectural Imagination." Inaugural Address, Wageningen University, The Netherlands, November 11, 2004.

Koh, Jusuck. "Success Strategies for Architects through Cultural Changes Leading into the Post-Industrial Age." In *Environmental Change/Social Change*, Proceedings of 16th EDRA Conference. Washington, D.C.: EDRA, 1985, 10–21.

Koolhaas, Rem. *Delirious New York: A Retroactive Manifesto for Manhattan*. New York: Monacelli Press, 1994 (1st edition, 1978).

Koolhaas, Rem. "Pearl River Delta, The City of Exacerbated Difference." In *Politics-Poetics Documenta X — The Book*. Edited by Jean-François Chevrier. Kassel, Germany: Verlag, 1997.

Koolhaas, Rem. "Rem Cycle." *Vogue Magazine*, November 1994, 335.

Koolhaas, Rem. *SMLXL*. New York: Monacelli, 1996.

Kostof, Spiro. *The City Assembled*. London: Thames and Hudson, 1992.

Kraft, Sabine. "The City upon the City." Translated (from German) by Irina Mack (personal translation).

Kurokawa, Kisho. *Intercultural Architecture: The Philosophy of Symbiosis*. Washington D.C.: AIA, 1991.

Landry, Charles. *The Creative City*. London: Earthscan, 2000.

"Landscapes." *Praxis 4* (2002).

Lasn, Kalle. *Culture Jam: How to Reverse America's Suicidal Consumer Binge — and Why We Must*. New York: Quill, 1999.

Leach, Neil. *The Anaesthetics of Architecture*. Cambridge, MA: MIT Press, 1999.

Lee, Mark. "The Dutch Savannah: Approaches to Topological Landscape." *Daidalos* 73 (1999): 9–15.

Lefaivre, Liane. "Critical Domesticity in the 1960s: An Interview with Mary Otis Stevens." *Thresholds* 19 (1999): 22–26.

Lefaivre, Liane. "Dirty Realism in European Architecture Today." *Design Book Review* 17 (Winter 1989): 17–20.

Lefaivre, Liane and Alexander Tzonis. *Aldo van Eyck Humanist Rebel: Inbetweening in a Postwar World*. Rotterdam: Uitgeverij 010, 1999.

Lefebvre, Henri with Catherine Regulier-Lefebvre. *Eléments de rythmanalyse: Introduction à la connaissance des rythmes*. Paris: Ed. Syllepse, 1992.

Lennard, Suzanne, H. Crowhurst, and Henry L. Lennard. "Principles of True Urbanism." International Making Cities, www.livablecities.org, 2004.

Lerup, Lars. *After the City*. Cambridge, MA: MIT Press, 2000.

Lewis, Paul, Marc Tsurumaki, and David J. Lewis. *Situation Normal, Pamphlet Architecture* 21. New York: Princeton Architectural Press, 1998.

Lifton, Robert Jay. *The Protean Self: Human Resilience in an Age of Fragmentation.* Chicago: University of Chicago, 1993.

Lindwall, Peter. "Impact of the Strand on the Townsville Community." *Queensland Planner* 44 (2) (June 2004): 18–19.

Logan, John R. and Todd Swanstrom, eds. *Beyond the City Limits.* Philadelphia: Temple University, 1990.

Lootsma, Bart. *SuperDutch.* New York: Princeton Architectural Press, 2000.

Lootsma, Bart. "Synthetic Regionalization." In *Recovering Landscape.* Edited by James Corner. New York: Princeton Architectural Press, 1999, 251–74.

Louv, Richard. *Last Child in the Woods: Saving our Children from Nature-Deficit Disorder.* Chapel Hill, NC: Algonquin Books, 2005.

Lynch, Kevin. *Image of the City.* Cambridge, MA: MIT Press, 1960.

Marcus, George E. *Ethnography Through Thick and Thin.* Princeton, NJ: Princeton University Press, 1998.

Marcuse, Peter. "Not Chaos, But Walls: Postmodernism and the Partitioned City." In *Postmodern Cities and Spaces.* Edited by Sophie Watson and Katherine Gibson. Oxford, U.K.: Blackwell, 1995.

Martini, Kirk. "Beyond Competence: Technical Courses in the Architecture Curriculum." *Architronic* 4 (3) (1995).

Mau, Bruce. "An Incomplete Manifesto for Growth." *I.D.* (March/April 1999).

McAvoy, Peter V., Mary Beth Driscoll, and Benjamin J. Gramling. "Integrating the Environment, the Economy, and Community Health: A Community Health Center's Initiative to Link Health Benefits to Smart Growth." *American Journal of Public Health* 94 (2) (February 2004): 525–27.

McHarg, Ian. *Design with Nature.* Gardern City, NY: Natural History Press. 1969.

Miller , Alice. *The Drama of the Gifted Child: The Search for the True Self.* New York: Basic Books, 1997 (1st edition 1979).

Milun, Kathryn. *Pathologies of Modern Space: Empty Space, Urban Anxiety, and the Recovery of the Public Self.* New York: Routledge, 2006.

Mitgang, Lee and Ernest Boyer. *Building Community: A New Future for Architectural Education and Practice.* Pittsburg, PA: Jossey-Bass, 1996.

Molloy, John Fitzgerald. *The Fraternity.* St. Paul, MN: Paragon House, 2004.

Moore, Charles and Donlyn Lyndon. *Chambers for a Memory Palace.* Cambridge, MA: MIT Press, 1996.

Moore, Thomas. *Care of the Soul.* New York: HarperCollins, 1992.

Morton, Patricia. "Getting the 'Master' Out of the Master Plan." *Los Angeles Forum of Architecture and Urban Design* (October 1994): 2.

Morton, Patricia. *Hybrid Modernities.* Cambridge, MA: MIT Press, 2003.

Mumford, Lewis. *The City in History.* New York: Harcourt Brace Jovanovich, 1961.

Mumford, Lewis. *The Culture of Cities.* New York: Harcourt Brace and Co., 1938.

Muschamp, Herbert. "A Happy, Scary New Day for Design." *New York Times,* October 15, 2000.

Muschamp, Herbert. "Architectural Trendsetter Seduces Historic Soho." *New York Times,* April 11, 2001.

Muschamp, Herbert. "Forget the Shoes, Prada's New Store Stocks Ideas." *New York Times,* December 16, 2001.

Muschamp, Herbert. "Imaginative Leaps into the Real World." *New York Times,* February 25, 2001.

Muschamp, Herbert. "Swiss Architects, Designers of Tate Modern, Win Pritzker Prize." *New York Times,* April 2, 2001.

Muschamp, Herbert. "The Polyglot Metropolis and Its Discontents." *New York Times,* July 3, 1994.

Muschamp, Herbert. "Woman of Steel." *New York Times,* March 28, 2004.

Muschamp, Herbert. "You Say You Want an Evolution? OK, Then Tweak." *New York Times,* April 13, 2004.

Muschamp, Herbert. "Zaha Hadid's Urban Mothership." *New York Times,* June 8, 2003.

Nilsen, Richard. ··· *Arizona Republic,* July 4, 2004.

Nilsen, Richard. "Postscript to Modernism: It's Style Over Substance." *Arizona Republic,* April 25, 1999.

Orr, David. "The Education of Designers." *ACSA Newsletter* (January 2001).
Otero-Pailos, Jorge. "Bigness in Context: Some Regressive Tendencies in Rem Koolhaas's Urban Theory." (MS, presented at ACSA conference, May 2000).
Otto, Frei. "The New Plurality in Architecture." In *On Architecture, the City, and Technology.* Edited by Marc Angelil. London: Butterworth Architecture, 1990.
Ouroussoff, Nicolai. "Making the Brutal F.D.R. Unsentimentally Humane." *New York Times,* June 28, 2005.
Ouroussoff, Nicolai. "Sobering Plans for Jets Stadium." *New York Times,* November 1, 2004.
Overbye, Dennis. "The Cosmos According to Darwin." *New York Times Magazine,* July 13, 1997, 24–27.
Parsons, Richard D. "Connecting Dots." *New York Times,* June 12, 2005.
Pawley, Martin. *The Private Future.* London: Pan Books, 1973.
Pearson, David. *New Organic Architecture.* London: Gaia Books, 2001.
Pecora, Vincent. "Towers of Babel." In *Out of Site.* Edited by Diane Ghirardo. Seattle: Bay Press, 1991, 46–76.
Peirce, Neil. "Megalopolis has Come of Age." *Arizona Republic,* July 29, 2005.
Peirce, Neil. "Neighborhoods Closing Doors." *Washington Post Writers Group,* July 15, 2005.
Peters, Tom. *The Circle of Innovation.* New York: Vintage, 1999.
Pimentel, O. Ricardo. "Clinton Puts Good Advice on the Menu." *Arizona Republic,* May 2, 2002.
Pine, B. Joseph, II, and James H. Gilmore. *The Experience Economy: Work Is Theatre and Every Business a Stage.* Cambridge, MA: Harvard Business School, 1999.
Pollak, Linda. "City-Architecture-Landscape: Strategies for Building City Landscape." *Daidalos* (1999): 48–59.
Polshek, James Stewart. "Built for Substance, Not Flash." *New York Times,* January 22, 2001.
Project for Public Spaces. "Letter to the *New York Times.*" July 2004.
Project for Public Spaces. "What If We Built Our Cities Around Places." November 2004. www.pps.org.
Purdy, Jedediah. *For Common Things: Irony, Trust and Commitment in America Today.* New York: Vintage, 1999.
Putnam, Robert. *Bowling Alone.* New York: Simon and Schuster, 2000.
Redfield, Wendy. "Reading and Recording the Elusive City." ACSA Conference, Baltimore, 2000.
Reich, Charles. *The Greening of America.* New York: Random House, 1970.
Ritchie, Ian. *(Well)Connected Architecture.* New York: John Wiley & Sons, 1994.
Roach, Catherine. "Loving Your Mother: On the Woman-Nature Relation." *Ecological Feminist Philosophies.* Karen J. Warren, ed. Bloomington: Indiana University (1996): 52-65.
Roberts, Marion, et al. "Place and Space in the Networked City: Conceptualizing the Integrated Metropolis." *Journal of Urban Design* 4 (1) (February 1999): 51–66.
Rosaldo, Renato. *Culture and Truth.* New York: Beacon, 1989.
Ruby, Andreas. "The Scene of the Scenario." *hunch* 8 (2004): 95–99.
Rugoff, Ralph. "L.A.'s New Car-tography." *LA Weekly,* October 6, 1995, 35.
Sara, Rachel. "The Pink Book" and "A Manifesto for Architectural Education," *EAAE Prize* (2001–02): 122–33.
Sassen, Saskia. *Cities in a World Economy.* Thousand Oaks, CA: Pine Forge Press, 1994.
Sassen, Saskia. *The Global City.* Princeton, NJ: Princeton University Press, 2001.
Schwartz, John. "Internet 'Bad Boy' Takes on a New Challenge." *New York Times,* April 23, 2001.
Scully, Robert. "Systems of Organized Complexity." *Arcade* 21 (4) (Summer 2003).
Sennett, Richard. "The Powers of the Eye." In *Urban Revisions: Current Projects for the Public Realm.* Compiled by Elizabeth A. T. Smith. Cambridge, MA: MIT Press, 1994, 59–69.
Serres, Michel. "China Loam." In *Detachment.* Translated by Genevieve James and Raymond Federman. Athens, OH: Ohio State University Press, 1989 (1st edition 1986).

Serres, Michel. *Genesis.* Translated by Genevieve James and James Nielson. Ann Arbor, MI: University of Michigan Press, 1995.
Serres, Michel. *The Natural Contract.* Translated by E. MacArthur and W. Paulson. Ann Arbor, MI: University of Michigan Press, 1995.
Shane, Graham. "The Emergence of 'Landscape Urbanism.'" *Harvard Design Review* 19 (Fall 2003/Winter 2004): 13–20.
Shulman, Ken. "X-Ray Architecture." *Metropolis* (April 2001).
Simmel, Georg. 1969 "The Metropolis and Mental Life." In *Classic Essays on the Culture of Cities.* Edited by Richard Sennett. New York: Apple Century Crofts, 1969, 19–30. (1st edition 1903).
Smith, Elizabeth A. T. comp. *Urban Revisions: Current Projects for the Public Realm.* Cambridge, MA: MIT Press, 1994.
Smithson, Alison and Paul Smithson. *The Charged Void: Urbanism.* New York: Monacelli, 2005.
Speaks, Michael. "Big Soft Orange." In *Architecture of the Borderlands.* Edited by Teddy Cruz and Anne Boddington. New York: John Wiley & Sons, 1999, 90–92.
Speaks, Michael. "Plausible Space." *hunch* 8 (2004): 90–94.
Spellman, Catherine. ed. *Re-envisioning Landscape/Architecture.* Barcelona: ACTAR, 2003.
Spretnak, Charlene. *States of Grace.* New York: HarperCollins, 1991.
Spretnak, Charlene. *The Resurgence of the Real: Body, Nature and Place in a Hypermodern World.* New York: Addison-Wesley, 1997
Staal, Gert. "Introduction." In *Copy©Proof: A New Method for Design and Education.* Edited by Edith Gruson and Staal. Rotterdam: 010 Publishers, 2000, 16–19.
Steinitz, Carl. "What Can We Do?" Symposium in *Harvard Design Magazine* 18 (Spring/Summer 2003).
Swaback, Vernon. *Designing the Future.* Tempe, AZ: Herberger Center for Design Excellence, 1996.
Szenasy, Susan S. "(Re)defining the Edge." Bruce Goff Lecture, University of Oklahoma. September 8, 2004.
"The Hybrid Spaces of Walter Hood." *Land Online*, May 2, 2005.
Trancik, Roger. *Finding Lost Space.* New York: Van Nostrand Reinhold, 1986.
Traub, James. "This Campus Is Being Simulated." *New York Times*, November 19, 2000.
Tschumi, Bernard. *Architecture and Disjunction.* New York: Princeton Architectural Press, 1994.
Tsing, Anna Lowenhaupt. *In the Realm of the Diamond Queen.* Princeton, NJ: Princeton University Press, 1992.
Tzonis , Alexander. "Pikionis and the Transvisibility." *Thresholds* 19 (1999): 15–21.
Tzonis, Alexander and Liane Lefaivre. "Beyond Monuments, Beyond Zip-a-ton." *Le Carré Bleu* 3–4 (1999): 4–44.
Van Berkel, Ben and Caroline Bos. "Rethinking Urban Organization: The 6th Nota of the Netherlands." *[Hunch 1 — The Berlage Institute Report 1998/1999. Rotterdam: Berlage Institute* 1999, 68–73.
Van der Ryn, Sim and Sterling Bunnell. "Integral Design." In *Theories and Manifestoes of Contemporary Architecture.* Edited by Charles Jencks and Karl Kropf. London: Academy Editions, 1997, 136–38. ["Integral Design" was originally published in The Integral Urban House, Helga Olkowski, Bill Olkowski, Tom Javits and the Farallones Institute Staff, San Francisco: Sierra Club Books, 1979.]
Van der Ryn, Sim and Stuart Cowan. *Ecological Design.* Washington, D.C.: Island Press, 1996.
Venturi, Robert. *Complexity and Contradiction in Architecture.* New York: Museum of Modern Art, 1966.
Wade, Nicolas. "Life's Origins Get Murkier and Messier." *New York Times*, June 13, 2000.
Wall, Alex. "Programming the Urban Surface." In *Recovering Landscape.* Edited by James Corner. New York: Princeton Architectural Press, 1999, 232–49.
Walljasper, Jay "Town Square." Project for Public Spaces Newsletter September 2004. www.pps.org.
Weber, Max. *The Protestant Ethic and the Spirit of Capitalism.* New York: Penguin, 2002 (1st edition 1905).

Wexler, Mark. "Money Does Grow on Trees — And so Does Better Health and Happiness." *National Wildlife* (April–May 1998).

Whyte, David. *Crossing the Unknown Sea: Work as a Pilgrimage of Identity.* New York: Penguin, 2002.

Whyte, William H. *The Social Life of Small Urban Spaces.* New York: Project for Public Spaces, 2001 (1st edition 1980).

Wilbur, Ken. *A Brief History of Everything.* Boston: Shambhala, 2000 (1st edition 1996).

Williams, Margery. *The Velveteen Rabbit.* New York: Doubleday, 1922.

Wiscombe, Tom. "The Haptic Morphology of Tentacles." In *BorderLine.* Edited by Lebbeus Woods and Ekkehard Rehfeld. Austria: Springer-Verlag/Wien and RIEAeuropa, 1998.

Woods, Lebbeus. "Inside the Borderline." In *BorderLine.* Edited by Lebbeaus Woods and Ekkehard Rehfeld. Austria: Springer-Verlag/Wien and RIEAeuropa,1998.

Woods, Lebbeus and Ekkehard Rehfeld. eds. *BorderLine.* Austria: Springer-Verlag/Wien and RIEAeuropa, 1998.

Yamamoto, Akira. *Culture Spaces in Everyday Life: An Anthropology of Common Sense Knowledge.* Lawrence, KS: University Press of Kansas, 1979.

Yeang, Ken. *The Green Skyscraper.* New York: Prestel, 1999.

Zellner, Peter. *Hybrid Space: Generative Form and Digital Architecture.* New York: Rizzoli, 1999.